全民健康安全知识丛书

保健食品
安全知识读本

主编 李宁 陈伟

U0206320

中国医药科技出版社

内容提要

现代人崇尚健康，保健食品虽不是药品，却可以通过补充营养、调节机体功能，发挥其特定的保健功效，帮助人体保持健康活力。保健食品成为健康养生的新趋势，为了吃出健康，在购买前对保健食品的认识和了解显得越发重要。本书主要从保健食品基本知识、各类人群的保健食品清单、如何选用保健食品、常见的保健营养物质，以及保健功能食品等方面介绍了消费者关心的保健食品的相关问题，帮助读者认清保健食品，理性地进行保健食品选购，安全地选用保健食品。

图书在版编目（CIP）数据

保健食品安全知识读本 / 李宁，陈伟主编. —北京：中国医药科技出版社，2017.4

（全民健康安全知识丛书）

ISBN 978-7-5067-9042-0

Ⅰ.①保… Ⅱ.①李… ②陈… Ⅲ.①保健－疗效食品－食品安全－基本知识 Ⅳ.① TS218 ② TS201.6

中国版本图书馆 CIP 数据核字（2017）第 020972 号

美术编辑 陈君杞
版式设计 锋尚设计
插　　图 张　璐

出版　中国医药科技出版社
地址　北京市海淀区文慧园北路甲 22 号
邮编　100082
电话　发行：010-62227427　邮购：010-62236938
网址　www.cmstp.com
规格　710×1000mm　$^1/_{16}$
印张　14
字数　230 千字
版次　2017 年 4 月第 1 版
印次　2017 年 12 月第 2 次印刷
印刷　三河市航远印刷有限公司
经销　全国各地新华书店
书号　ISBN 978-7-5067-9042-0
定价　29.80 元

前言

　　不知您是否有这样的感觉，经常觉得身体疲惫、精神不振，晚上睡不好，早上起不来，没有胃口，小病不断……现代人工作生活节奏紧张，饮食不规律，运动量不足，一方面机体所需要的营养元素不能完全从日常饮食中获得，另一方面高油高盐高脂的快餐、外卖又让人体不应该大量摄入的脂肪、盐分等"营养"过剩。很多人想通过吃保健食品来补充摄入不足的营养物质，改善机体的亚健康或不健康状态，增强免疫力，但是面对市面上销售的种类繁多的保健食品，究竟哪种才是适合自己需求的？怎么吃才能达到保健营养的效果呢？

　　保健食品在我国从1993—2000年进入高速发展阶段，据不完全统计，截至2011年底，我国已审批的保健食品达1万多种。随着人们消费观念的改变，保健食品将成为未来我国最重要的食品类消费之一。国家对保健食品安全工作十分重视，2016年10月1日开始实施的《中华人民共和国食品安全法》中对27种保健功效的保健食品产品注册与备案管理提出了新的模式和要求，为进一步落实行政审批制度改革精神，规范和加强保健食品注册备案管理工作，2016年2月26日，国家食品药品监督管理总局发布了《保健食品注册与备案管理办法》，对保健食品进行更加细化的管理。

　　保健食品首先是"食品"，它与药品不同，它并不是为了治疗身体的疾病或消除身体的病症，保健食品中含有一定量的功效成分，能调节人体的功能，具有特定的保健功效。

　　本书从保健食品安全的基本知识讲起，为不同年龄段的人群提供了详细的保健营养方案，同时为您解读如何选用保健食品来预防生活习惯病和改善身体亚健康状态。我们经常见到保健食品宣传中大豆异黄酮、DHA、EPA、软骨素等貌似高深的保健成分都是如何在体内发挥功效的，怎样摄取更有效，很多可以直接食用或者用作保健产品原料的保健功能食品怎样能最有效地吸收其中的功效成分，以上这些问题都能在本书中找到答案。希望通过本书的介绍，大家可以更清楚地认识保健食品，更理性地进行保健食品消费，更安全地选用保健食品。 、

编　者

2017年1月

目录

**第一章
认识保健食品**

什么是"保健食品" / 2

为什么需要食用保健食品 / 2

"保健食品"与"食品"之间是什么关系 / 4

"保健食品"与"食品""药品"的区别是什么 / 4

为什么不能声称"保健食品"具有某种疗效 / 5

"保健食品"与"药品"对人体的作用有何不同 / 5

如何正确选用保健食品 / 6

保健食品的功能范围有哪些 / 6

保健食品标识和产品说明书上需要标示哪些内容 / 6

**第二章
各类人群的
保健食品清单**

儿童应该如何补充保健食品 / 9

最容易出现饮食困惑的青春期该怎么补 / 11

中青年保持健壮体魄的保健秘诀有哪些 / 13

年轻女孩如何补养更健康 / 15

30岁白领丽人如何保持营养天平平衡 / 17

更年期女性应该怎样保养 / 20

更年期男性应该怎样保养 / 22

金色老年如何摄取保健食品 / 23

第三章
预防生活习惯病
保健食品这样吃

肥胖病 / 27

脂肪肝 / 28

动脉粥样硬化 / 30

心血管病 / 31

脑中风 / 32

高血压病 / 33

糖尿病 / 34

痛风 / 36

胃溃疡 / 37

慢性胃炎 / 39

第四章
阻击亚健康的
营养保健攻略

什么是亚健康 / 42

测测自己是否属于亚健康 / 43

减肥综合征 / 44

办公室综合征 / 46

空调综合征 / 48

计算机综合征 / 49

易感冒 / 50

易上火 / 52

口腔溃疡 / 53

口臭 / 54

食欲低下 / 56

胃痛 / 58

便秘 / 59

腹泻 / 61

尿频 / 62

肩膀酸痛 / 63

腰痛 / 64

视疲劳 / 66

贫血 / 67

浮肿 / 68

脱发 / 69

痛经、月经不调 / 71

性功能减退 / 72

疲倦 / 74

失眠 / 75

焦虑 / 77

心情沮丧 / 78

第五章
保健营养物质
完全档案

作为人体基础成分及结构 / 81

核酸 / 81

氨基酸 / 82

多肽类 / 83

蛋白质 / 84

卵磷脂 / 86

软骨素 / 87

透明质酸 / 89

葡萄糖胺 / 90

胶原蛋白 / 91

钙 / 93

铁 / 94

镁 / 96

维生素A / 97

维生素D / 99

维生素K / 101

叶黄素 / 102

花生四烯酸 / 103

作为辅酶 / 104

维生素B_1 / 104

维生素B_2 / 106

维生素B_6 / 107

维生素B_{12} / 109

烟酸 / 110

泛酸 / 112

生物素 / 113

叶酸 / 115

作为抗氧化剂 / 116

维生素C / 116

维生素E / 118

类胡萝卜素 / 120

茄红素 / 121

多酚 / 123

类黄酮 / 124

异黄酮 / 125

儿茶素 / 126

辅酶Q_{10} / 127

硒 / 129

调节肠道健康 / 130

乳酸菌 / 130

膳食纤维 / 132

寡糖 / 134

调节脂肪代谢和糖代谢 / 135

肉碱 / 135

辣椒素 / 137

铬 / 138

木瓜酶 / 139

调节血脂水平 / 141

EPA、DHA / 141

植物固醇 / 142

共轭亚油酸 / 144

调节免疫力 / 145

乳清蛋白 / 145

乳铁蛋白 / 146

甲壳素 / 147

鲨烯 / 148

锌 / 149

第六章
保健功能食品
总动员

胚芽、种子、豆类 / 153

糙米 / 153

燕麦 / 154

荞麦 / 155

薏仁 / 157

黑豆 / 158

白花豆 / 159

葡萄籽 / 160

蔬菜、水果、薯类 / 161

芥蓝 / 161

苦瓜 / 162

姜 / 164

大蒜 / 165

洋葱 / 166

梅子 / 167

番石榴 / 168

蓝莓 / 169

红薯 / 170

紫薯 / 172

菊芋 / 173

魔芋 / 174

芦荟 / 176

菌类、藻类 / 177

黑木耳 / 177

海带 / 178

绿藻 / 179

螺旋藻 / 181

植物性油脂类 / 182

橄榄油 / 182

小麦胚芽油 / 184

芝麻油 / 185

药用植物类 / 186

冬虫夏草 / 186

高丽参 / 187

山人参 / 189

田七 / 190

艾草 / 191

杜仲 / 192

刺五加 / 193

板蓝根 / 194

车前草 / 195

银杏叶 / 196

桑叶 / 197

动物类 / 198

乌鸡 / 198

牡蛎 / 199

鳖 / 201

蜂胶 / 202

蜂王浆 / 204

蜂蜜 / 205

酸奶 / 207

奶酪 / 208

菌种类 / 209

纳豆菌 / 209

啤酒酵母 / 211

红曲 / 212

其他 / 213

黑醋 / 213

苹果醋 / 214

红茶 / 215

认识保健食品

第一章

什么是"保健食品"

保健食品，源于美国的"Dietary Supplement"，也就是"膳食补充剂"或"健康辅助食品"的意思。如果直译，"supplement"则是添加或是补充的意思，特别是补充不足或补足欠缺的含义。由此可知，"Dietary Supplement"常有补足日常膳食摄入不足的营养物质之意。

2005年我国在施行《保健食品注册管理办法（试行）》中将保健食品定义为：保健食品是指声称具有特定保健功能或者以补充维生素、矿物质为目的的食品，即适宜于特定人群食用，具有调节机体功能，不以治疗疾病为目的，并且对人体不产生任何急性、亚急性或者慢性危害的食品。

国家食品药品监督管理总局于2016年2月26日发布《保健食品注册与备案管理办法》，自2016年7月1日起施行。国家食品药品监督管理总局负责保健食品注册管理，以及首次进口的属于补充维生素、矿物质等营养物质的保健食品备案管理，并指导监督省、自治区、直辖市食品药品监督管理部门承担的保健食品注册与备案相关工作。根据原卫生部颁布的《保健食品管理办法》，

获得《保健食品批准证书》的食品准许使用卫生部规定的保健食品标志，标志为天蓝色，为帽形，业界俗称"蓝帽子"，如下图所示。

 # 为什么需要食用保健食品

普遍性饮食营养结构不均衡

现代社会，城市中的人们已经很难发生过去常见的如坏血病、脚气病、大脖子病等营养缺乏病了，大多数人都处于饱食状态，除非极度偏食或者需求量

增加很多才可能出现营养素缺乏的表现。但是，这并不意味着补充维生素和矿物质等营养物质已经完全没有必要了。事实上，总热量相对过剩，而必需微量营养物质不足的现状已经严重影响了现代人的饮食结构。换句话说，目前我们并不容易出现某一种营养素的绝对性缺乏，但是却容易发生相对性欠缺。长期如此最终对人体健康仍会产生不良影响。

随着现代社会生存竞争的加剧，生活节奏的加快，现代人的饮食充斥着越来越多的快餐食品、即食食品和外卖食品。看看我们自己和身边的人，经常不吃早餐，中午随便吃个汉堡或饼干，晚上又大鱼、大肉，啤酒加美食，夜宵再吃个烤肉串或汉堡等，完全不注意均衡营养。这使我们的膳食结构产生了很大的变化，并带来了营养结构的不均衡，经常热量过剩，却无法摄取到足够高质量的维生素与矿物质等必需微量营养物质。

食物的营养价值下降

如今我们常会听一些上了年岁的人说现在的菜都没有小时候的那种"纯正"味道了，本来是人工种植为主的农业变成了机械化作业；为了增加产量，大量甚至过量使用化学肥料及农药；温室栽培的技术让四季的蔬菜都能同时出现在餐桌上；为了让食物的颜色及形状更加鲜艳和漂亮，人们开始使用一些食用色素或药物；打破生物原有的繁殖规律，为促进早熟而开始使用各种激素类药物。

食材从收获、运送、超市陈列到保存在家里的冰箱内，这众多的环节花费了较长的时间，都会让营养素尤其是维生素和矿物质慢慢流失，导致其营养价值的损失。另外，不光是蔬菜，水果也大多在还未成熟时就被采摘并出售，其营养物质的积累还不充分，而畜禽与鱼类食品也因为抗生素及生长素的使用缩短了生长周期，肉质、口感、营养价值上有所改变，加上大气、江河湖海等环境污染的影响，很多食物的营养价值也像蔬菜一样，存在一定的下降。

"保健食品"与"食品"之间是什么关系

食品是人体每天必需的物质，食物最基本的功能是构成人体基本组织，供给人体活动所需热量，以及补给机体内营养物质。此外，食物通过其特有的味道、口感，还让人们享受到美食的乐趣。食物中含有的营养成分能提高人体的免疫功能，因此还担当着"调节机体状态"的角色。

譬如苹果，它可以为人体补充维生素C、糖类等营养物质，可以让人们享受到它的酸甜滋味及特有的香气，苹果中的可溶性膳食纤维（果胶）可以调整肠内环境、预防便秘，另外配合钾离子的功能，还能降低胆固醇及血压。其中，果胶的作用就是苹果的"保健作用"。

随着现代营养学对食物成分研究的不断深入，我们逐渐搞清楚了食物中何种成分具有何种作用，并可将某种成分应用到保健食品的研制开发中。

 "保健食品"与"食品""药品"的区别是什么

保健食品：是具有特定功效的食品。保健食品一般有规定的食用量及特定的食用范围。可以声称具有调节机体功能、预防某些特定疾病的发生或能够改善体质的作用，但不以治疗疾病为目的。仅通过口服使用，并且对人体不产生任何急性、亚急性或者慢性危害。

食品：是可供人类食用或饮用的物质，包括加工食品、半成品和未加工食品，不包括烟草或只作药品用的物质。食品的应用目的是为人们提供能量和营养成分，不强调特定的功能，没有服用量的要求，无特定的食用范围。

药品：是针对某种症状或病症，作为治疗疾病用的化学制品。利用天然或化学合成原料，且必须经过法定的临床实验与分析研究，采用严格的工业化程序制成，一般来说并不适合长期或大量服用，甚至存在各种药物的不良反应。此外，保健食品仅口服使用，而药品可以注射、涂抹等方法使用。

为什么不能声称"保健食品"具有某种疗效

根据《中华人民共和国药品管理法》对药品的定义：药品是指用于预防、治疗、诊断人的疾病，有目的地调节人的生理机能并规定有适应证或功能主治、用法和用量的物质。而保健食品的使用不得作为治疗疾病用途，否则就是违法。比如说同样是"维生素E"，如果用于"药品"时，则能以"消除疲劳、保护心脏、减轻皱纹或雀斑"等来表示其功效；但当其用作"保健食品"的某种成分时，则只能是"食品"，所以绝对不能宣称"对××有效"或是"可预防××"。

国家之所以会进行这样严格的规定，一个重要的原因就是消费者信赖的问题。由于我国规定处方药品不能进行大众媒体广告宣传，并且制造及售卖药品必须经过国家严格审查后才能得到批准。而保健食品首先是食品，所以会比药品更加容易进行生产制造、售卖，并且能够进行广告宣传。如果允许保健食品标识其具有某种疗效，那么有可能被消费者误认为是药品，从而过分依赖保健食品，可能贻误了接受正规科学医疗的机会。

 ## "保健食品"与"药品"对人体的作用有何不同

药品对身体来说是一种异物，而保健食品却基本上是原本就存在于人体内或人体正常生理功能所需要的某种成分。换个说法，人体很难因为某种药品不足而患病，但却可能因为长期缺乏某种营养物质而引起一些身体不适的症状。由此可知，多数药品是人体患病之后用来治疗的工具，而保健食品则可以帮助身体不生病或者在健康的维持及促进上发挥非常重要的作用。

从另一个观点来看，药品能够直接抑制或攻击病因或病状，最常见的就是退烧或是降血压、血糖等对症疗法；而保健食品则是以调整机体功能、使机体的代谢系统保持平衡或是让血液循环顺畅等等，帮助身体用其自身的抗病能力去应对疾病。

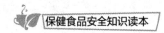

 如何正确选用保健食品

1. 检查保健食品包装上是否有保健食品标志及保健食品批准文号。

2. 检查保健食品包装上是否注明生产企业名称及其生产许可证号，生产许可证号可到企业所在地省级主管部门网站查询确认其合法性。

3. 食用保健食品要依据其功能有针对性地选择，切忌盲目使用。

4. 保健食品不能代替药品，不能将保健食品作为灵丹妙药。

5. 食用保健食品应按标签说明书的要求食用。

6. 保健食品不含全面的营养素，不能代替其他食品，要坚持正常饮食。

7. 不能食用超过所标示有效期和变质的保健食品。

 保健食品的功能范围有哪些

目前我国批准受理的保健食品的保健功效有27种，包括增强免疫力、辅助降血脂、辅助降血糖、抗氧化、辅助改善记忆、缓解视疲劳、促进排铅、清咽、辅助降血压、改善睡眠、促进泌乳、缓解体力疲劳、提高缺氧耐受力、对辐射危害有辅助保护功能、减肥、改善生长发育、增加骨密度、改善营养性贫血、对化学性肝损伤的辅助保护作用、祛痤疮、祛黄褐斑、改善皮肤水分、改善皮肤油分、调节肠道菌群、促进消化、通便、对胃黏膜损伤有辅助保护功能等，这些均没有任何治疗疾病的作用。

 保健食品标识和产品说明书上需要标示哪些内容

在选购保健食品时需注意，在产品标识和产品说明书上必须标示以下内容。

· 保健食品名称

· 保健食品标志与保健食品批准文号

- 净含量及固形物含量

- 配料

- 功能成分

- 保健作用

- 适宜人群

- 食用方法

- 日期标示

- 储藏方法

- 执行标准

- 保健食品生产企业名称与地址

- 特殊标识内容

各类人群的保健食品清单

第二章

儿童应该如何补充保健食品

儿童期的饮食生活，无论从健康发育、培养正确的生活方式还是预防未来慢性疾病的角度来看都是至关重要的。因此在幼儿期、儿童期、青春期等不同的发育阶段，我们都必须从饮食习惯、健康知识灌输、心理健康等多方面来设计这一人生黄金时代的饮食生活。

培养良好的饮食习惯避免成为"肥胖儿"

现代社会中肥胖婴儿越来越多地出现在我们的身边，殊不知肥胖可能给婴儿带来许多身体危害。比如肥胖婴儿学会走路比正常婴儿晚，而且因为关节部位负重过多，容易磨损而导致关节疼痛。还容易发育成扁平足、膝内翻或外翻以及髋关节内翻等畸形，加上肥胖导致行动笨拙，容易发生意外事故。

从1岁到上小学的幼儿期，宝宝将在神经功能、免疫功能、运动功能以及精神健康等方面快速发展。这一阶段还是一个人建立终生饮食习惯的关键时期，因此在此阶段搭建一个科学、健康的饮食生活对于预防生活习惯病、老年慢性病至关重要。这时候不但要防止宝宝偏食或不吃，保证其享受充足、完整的营养，还要注意培养他们建立正确的味觉以及预防出现营养过剩。

如果幼儿膳食中蛋白质含量不足，可导致营养不良性水肿、贫血、消瘦等等；相反，如果进食过多，又容易引起幼儿便秘或食欲下降、消化不良。

如果幼儿饮食内碳水化合物供应量比例太高，开始时幼儿体重增长迅速，但长期摄入过量的碳水化合物和脂肪，可导致肥胖症和增加患心血管病的危险；碳水化合物供应过多而蛋白质供应过低时，可发生营养不良性水肿；碳水化合物供给不足又会造成体重过低、体脂肪和体蛋白过度消耗等。

如果幼儿进食过多的脂肪食物，会引起消化不良、大便多、胃口不佳；相反，进食脂肪不足时，又可造成体重不增、眼干燥症、佝偻病等等。

此外，这个时期更要注意防止钙、铁、锌的摄入不足。特别是肥胖儿，由于生长发育比正常儿童快，对营养素的要求也相对较多，钙、铁等营养素缺

乏的比例比正常儿童要高出4～6个百分点。所以，肥胖儿合理膳食更显重要。除了限制高脂食物摄入、增加运动外，肥胖儿的食谱要尽量宽一些，粗粮、绿色蔬菜、豆制品、海产品以及干果类都应摄入，同时要保证良好睡眠，因为孩子处于生长期，睡眠中脑垂体能分泌出更多的生长激素，促使身体长高，而在长高的过程中便可消耗部分能量。这一时期为了提高幼儿的咀嚼能力，也要给他们吃一些能够锻炼牙齿功能的食物。

营养素补充不可过量

特别需要注意的是营养素过量补充也有害。许多家长为了孩子长得更快、更壮，除了日常饮食中给予过多的热量和蛋白质外，还额外给孩子补充各种各样的维生素和矿物质制剂，营养素补充过量已成为育儿过程中一个令人担忧的现象。维生素和矿物质虽是人体必不可缺的营养物质，但并不是越多越好，过量服用对身体同样会造成危害，诱发或导致很多疾病。事实上，营养健康是吃出来，而不是补出来的，家长应给孩子准备营养均衡的饮食，纠正孩子偏食、挑食习惯，每日保证足够量的蔬菜、水果、肉、蛋、奶等营养物质。只有在确实有某种营养素缺乏证据出现时，才可以在医生指导下合理服用维生素、矿物质制剂。

由于幼儿在此时期的消化吸收及咀嚼能力均有不足，可能无法从三餐摄取到生长所必需的营养物质，所以加餐就显得非常必要。不过所谓加餐并不是在宝宝想吃的时候就不加选择地给他吃甜点或巧克力，而是每天相对固定时间（与正餐间隔2～3小时）给予，加餐摄取的能量应控制在全天饮食总量的10%～20%。如果加餐热量太高就可能使宝宝对正餐失去食欲。此外应尽量避免口味太重、油脂太多的甜点，最好给予果泥、新鲜水果或自制的营养均衡的食品。

而到了6～12岁的青少年期，身体会逐渐长大，个人饮食习惯也慢慢定型。这一阶段身体会快速长高、乳牙也换成恒牙。所以其营养要点就是充分摄取能够维持骨骼与牙齿健康的钙、能量、蛋白质以及铁质。需要注意的是在此阶段，一些生活习惯病，如动脉硬化、高血压、糖尿病已经开始悄悄接近孩子，因此就算是儿童，也应注意避免过量摄取含饱和脂肪过多（如动物内脏、肉、蛋、全脂奶等）的食品。同时还应注意保持足够的运动量，防止饮食过量或学习压力过重等问题。

营养小博士

侵蚀现代儿童身体健康的营养危机

现在儿童肥胖的发生率越来越高，还有一些儿童，尚未成年，血脂和胆固醇就已经升高，甚至有些儿童动脉已经有脂质沉积。这些都是只有在"过饱食"的现代才会引发的营养障碍，我称它为"营养过剩型营养失调"，即摄取热量过高的食物，却未摄取能充分利用热量的营养素，这实在是物质丰富年代的"危机"。

最容易出现饮食困惑的青春期该怎么补

青春期充满了迷惑与挑战，这一阶段是人一生中需要摄入蛋白质最多的时间。因为人体需要大量的蛋白质来建造快速增长的肌肉、血液及内脏，才能构成迅速长大的身体。另外，几乎所有女性都会在此时期迎接月经初潮，同时女性的全部身体功能也会在这阶段逐渐发育完整。有些女孩在月经刚开始时的周期并不稳定，也会出现无排卵性月经，大约要在初潮后3～5年才会变成真正的排卵且有规律的月经周期。这一时期的孩子还必须承担一定的学习任务和适度的体育锻炼，因此，充足的营养是此期体格及性征迅速生长发育、增强体魄、获得知识的物质基础。有研究表明，青春期前营养不足的儿童，在青春期供给充足的营养，可使其赶上正常发育的青年，而青春期营养不良，可使青春期推迟1～2年。

饮食方面，这一阶段孩子们已会想吃各种自己喜欢吃的东西，也会到外面自己买东西吃。大多数孩子已经到了自己选择饮食的时期，但是青春期的"叛逆意识"，让他们可能会出现不吃早餐、偏好洋快餐、吃饭不规律、过度节食（怕胖）等各种问题，不但无法集中精力学习，还可能会对身体造成损害，诱发胆囊炎或胆囊结石，维生素、矿物质及膳食纤维摄入不足也会导致体内脂肪过量、超重等问题。

相关保健成分

钙

铁

B族维生素

 营养小博士

不必要的减肥有害健康

青春期很多人都有"婴儿肥"的现象，但是受到"以瘦为美"的思想影响，很多女孩子为追求所谓"理想体型"而"拼命"减肥，就算自己已经是标准体重，但只要觉得自己"胖"，还是会减肥。但是不必要的减肥或过度减肥，有时减掉的并不是危害健康的脂肪而是骨骼肌肉及内脏蛋白质，长期减肥很容易降低正常基础代谢的功能，而造成相反的结果。另外，极端地减少人体脂肪和体重，很易引发青春期常见的"神经性畏食"，表现为极度消瘦，无法正常生活，出现月经不调或闭经，甚至威胁生命，这点必须引起青春期少女的注意。在青春期，过低的体重可能使体内无法存储更多的骨钙，而降低人体的峰值骨量，容易发生骨质疏松症。

另外，青春期的女孩子因为月经的原因还很容易发生缺铁性贫血，如果为了减肥而少吃肉、蛋类则更容易减少铁质摄取与吸收。因此青春期女孩为了保持健康的身体，必须保证鱼、禽、肉、蛋、奶、豆类和蔬菜的供给，以满足其对铁、钙、蛋白质、维生素C、叶酸、维生素B_6及维生素B_{12}等的需要。

当孩子在复习、考试期间，大脑活动处于高度紧张状态，大脑对氧和某些营养素的需求比平时增多，如蛋白质、磷脂、碳水化合物、维生素A、维生素C、B族维生素（B_1、B_2、B_6、PP）以及铁的消耗也有所增加。因此，要注意多补充这些营养素。

中青年保持健壮体魄的保健秘诀有哪些

忙碌时更需要注意营养补给

正值青壮年的上班族总是忙于工作，不是没时间吃饭，就是吃速食快餐等简单外卖解决了事。他们没有时间为自己考虑，"忙"成了逃避健身的最常见口头禅。然而就在这一片繁忙中，经常不能摄取足够的营养，健康也逐渐离他们远去，将来还可能对工作和事业产生极大的障碍。所以必须在努力工作的同时，更要好好吃饭、科学养生，更要有效地利用保健食品。

注意远离高脂肪、高热量食物

如果经常在饭店进食，总会增加吃高脂肪、高热量食物的机会。如果再加上运动不足，就更容易变胖，体内也会囤积过多的胆固醇及脂肪，增加罹患高脂血症的机会，其中一些人在中年以后体内低密度脂蛋白胆固醇（俗称"坏胆固醇"）水平升高，这些"坏胆固醇"在体内不易被代谢掉，且容易被氧化，进而沉积在血管壁上，造成动脉硬化和动脉狭窄，并可能因此而造成冠心病。为了预防这些疾病，除了增强体育锻炼外，还要减少动物性脂肪的摄取，多食入富含维生素C、维生素E及多酚类物质的食物。除了维生素C、维生素E、多酚类等抗氧化物质外，还应同时摄取能帮助抗氧化酶活化的硒、锌等矿物质。

沙丁鱼、青花鱼、猪肝、菠菜等食物中富含辅酶Q_{10}，能增加身体的抗氧化作用，并且活化机体细胞，有助于消除疲劳并且保护美丽的肌肤等，应经常选食。

缓解工作疲劳就摄取B族维生素

容易感到疲倦的人一定要多摄取B族维生素，特别是维生素B_1能促进新陈代谢，防止乳酸堆积在体内而产生容易疲劳的物质。当你经常感觉疲劳却因忙碌而无法休息，并且一直持续此状态的话，疲劳物质就会蓄积在体内，而形成慢性疲劳。此时B族维生素之一的烟酸能帮助分解并且处理此种疲劳物质。

另外，一些人参相关的制品或大蒜的提取物等保健食品，可提高人体疲劳时的恢复能力。不过超重者而且血压偏高的人，应注意不要摄取过量。

当眼睛感到疲劳时多摄入维生素

在办公室工作的人，常会觉得眼部疲劳及眼睛干涩。除了增加休息外，可以摄取B族维生素来改善眼球疲劳，增加维生素A的摄入来保护眼睛的视网膜。而眼球周围的毛细血管比较细，不容易运送养分，所以也可多摄取能扩张毛细血管和具有抗氧化作用的维生素E。

另外，蓝莓提取物中的花青素有强力的抗氧化作用，可保护容易受过氧化物影响的角膜和晶状体，并能支撑角膜和晶状体的睫状肌，有助于缓解眼部疲劳症状。

烟酒一族可适当摄取一些保健食品

因交友、应酬或消除压力而经常喝酒的人，应该多摄取能提高肝功能的食物或保健食品，比如姜黄、螺旋藻、牡蛎及扇贝的萃取物、绿藻等。另外，卵磷脂及B族维生素能预防因过度饮酒而引起的脂肪肝，并且对消除宿醉也很有效。由于酒精可能会阻碍人体对维生素B_1的吸收，所以喝酒时应同时积极摄取含丰富复合维生素B的猪肝及坚果类食品，或者服用相关保健食品。

另外，抽一根烟就可能消耗人体约25毫克的维生素C，所以越爱抽烟的人，越要好好地补充维生素C。既喝酒又抽烟的人，则需要避免大量摄取β-胡萝卜素补充剂。因为John A. Baron等人的研究报告显示，既喝酒又抽烟的人如果大量摄取富含β-胡萝卜素的补充剂可能会提高罹患癌症的概率。从天然食物中摄取的不在此列。

相关保健成分

B族维生素
维生素C
维生素E
辅酶Q_{10}

营养小博士

借助抗氧化物来预防心脏猝死

青壮年阶段正是打拼事业的时期，最容易饮食不正常、不注意健康。这样的饮食生活如果持续下去，就可能在不知不觉中便患上高脂血症及动脉粥样硬化，甚至可能突然因心肌梗死等猝死性心脏疾病而丧命。

为预防这种情况，我们应多摄取来自天然植物中的抗氧化物质，以提高身体抗氧化能力。由于植物是靠光合作用来产生氧气以维持生命，因此植物本身蓄积的物质中，除维生素C、维生素E外，还有胡萝卜素、儿茶素、类黄酮及花青素等多种强力抗氧化物质。此外，辅酶Q_{10}能够防止自由基破坏线粒体，防止细胞老化。在摄取这些天然营养物的时候，配合能抗氧化的维生素E（坚果类食物中含量丰富）则效果更好。

年轻女孩如何补养更健康

很多年轻女孩受到经前综合征的困扰，在排卵后到月经开始的2周内，会因性激素的变化及子宫内膜的剥落出血而引发体内炎性因子—前列腺素浓度的升高，并出现烦闷、忧郁、精神不集中、不安、失眠等精神方面症状，以及腹痛、头痛、眩晕、乳房胀痛、长青春痘、皮肤干燥、便秘、腹泻等身体症状。一种叫作月见草油的物质中所含有的γ–亚麻酸有助于减轻经前不适反应。γ–亚麻酸属于前列腺素E1的前体物质，有观点认为它可以调节月经周期的激素变化，帮助改善月经前因前列腺素E1缺乏时所引起的乳房胀痛以及减低经前综合征导致的不适反应。

除了正常人体生理性因素外，经前综合征的发生及症状轻重也与外界压力

有很大关系，所以女性应该在自己的特殊时期注意尽可能不要累积压力。而适量补充谷维素、维生素B_6、钙、镁等都能改善经前综合征的精神症状，特别是可帮助合成神经传导物质的维生素B_6能改善抑郁症状。当月经来潮时，人体会分泌前列腺素，促进子宫肌收缩，将子宫内的代谢物（如经血等）排出体外，此时就容易引起痛经。此外由于前列腺素及其代谢物质在体内的循环，还会引起呕吐、头痛、腹泻等症状，并且还可能因过度的外界压力而使上述症状更加明显。而有一定解痉效果的钙和镁可帮助缓解疼痛。不过痛经还有可能是因子宫肌瘤或子宫内膜异位、卵巢病变所引起，因此如果经常发生剧烈疼痛，则应尽快到医院请医生诊治。

为了保持肌肤的健康，洗脸及保湿等日常保养是必不可少的。但如果洗脸洗得太过频繁，则会连皮肤表面的保护性脂肪都洗掉，这时反而会容易刺激皮脂腺的分泌。

对肌肤健康有益的物质有维生素C和B族维生素。特别是维生素C，它有预防细胞老化的抗氧化功能，也能帮助抵抗压力。而适量的维生素E也有抗氧化作用，可以帮助胶原蛋白生长，并可帮助改善皮肤的干燥以及因紫外线过度照射所引起的肌肤问题。还有葡萄籽萃取物和松树皮萃取物中共同含有的前青花素，也同样具有抗氧化作用，而且还可以美白皮肤，并对于皮肤表面亲水性较强的胶原蛋白中的色斑及亲脂性皮下脂肪层的色斑都具有淡化作用。

此外，对年轻女性而言，为了生儿育女提前准备而调整体质是很重要的。首先应对子宫及卵巢的功能具备正确的认识，并善于把握身体状况的变化，改善不良的生活习惯、补充不足的营养素。不要等到怀孕后才开始关心自己的身体状况，而应该为了怀孕提前达到并保持身体的健康。

相关保健成分

γ-亚麻酸	B族维生素
钙	维生素C
镁	维生素E

缓解压力，及时调整生活来改善身体的不适

年轻女性常因过大的工作、生活压力而使身体频出状况。过度的压力会打乱女性体内的激素平衡，引起皮肤干燥，也容易引发月经不调、痛经、闭经及经前综合征。而在经前综合征症状比较严重的人中，多数人会认为"因为母亲的症状也很严重，所以我一定也会很严重"。其实只要每天量好基础体温，并记录好每天身体的状况，及时调整自己，多数人能够有效地改善症状。

还需要注意血液循环的问题，这往往是痛经的主要原因。因此须注意身体的保暖。此外应尽可能规律地生活、不要累积压力。有时虽然改变生活环境很难，但您可以试试晚上睡不着时，利用精油的香气放松一下心情，起床时晒晒太阳等，在生活点滴中建造自己的健康生活方式，就能调整身体的规律，让身体状况变好。

30岁白领丽人如何保持营养天平平衡

吃出细腻肌肤

在写字楼中工作的女性，受办公室空气污染、电脑辐射、空调干燥风的侵害，加上作息不规律，更易出现亚健康皮肤。而皮肤的疲劳程度与睡眠质量成正比，所以此类人群应该提高睡眠质量，尽量在晚上11点之前入睡，因为这段时间皮肤细胞新陈代谢最旺盛。为了保持肌肤的健康、美丽，白领丽人们一定记住以下秘诀。

"女人是水做的"，因此一定要保证每日水分的摄入，推荐每日饮水量为1200毫升左右。饮食中注意多摄入富含维生素E的卷心菜、葵花籽油、菜籽油等，有助于防止皮肤衰老及脂褐素沉积。铁元素有助于保持皮肤光泽红润，所以要多吃富含铁的食物，如动物肝脏、蛋黄、海带、紫菜等。增加富含胶原蛋白和弹性蛋白的猪蹄、动物筋腱和猪皮等食物，可使肌肤充盈，增加弹性，减

少皱纹。此外，多吃些水果、蔬菜、奶制品等成碱性食物，有助于体内有机酸排出，保持皮肤的细腻光滑有弹性。

勤补健脑饮食

多食富含必需氨基酸的鱼、奶、蛋等食物；多食富含维生素C的食物，如水果、蔬菜和豆类等；适当补充含磷脂的食物，如蛋黄、肉、鱼、大豆和胡萝卜等，可使大脑活动功能增强，提高工作效率；多吃葱、蒜亦有良好健脑功能。

减肥降脂饮食

通过控制饮食可达到减肥目的。补充大量的膳食纤维，如各种豆类和谷类、全麦面包、燕麦、卷心菜和韭菜等。多吃水果和蔬菜，如樱桃、草莓、柚、桃和梨以及莴苣、芹菜等。适量摄入蛋白质，如低脂类的大豆、鱼禽肉、酸奶等。学会少吃多餐，少吃零食，减少简单糖的摄入。此外，可饮些茶来替代含糖饮料，对于控制体重也很有帮助。

降血脂要少吃动物脂肪或含胆固醇较多的食物，如肥肉、动物的心、肝、肾、脑、鱼子、蛋黄、鹌鹑蛋、鱿鱼、鳗鱼、牡蛎等，尽可能食用豆油、菜油、麻油、玉米油等。多吃富含维生素、蛋白质的食物，如里脊肉、鸡肉、鲤鱼、豆制品等。多吃黑木耳、麦粉或燕麦片，它们具有良好的降血脂作用。

关注"三期"的饮食

"三期"指白领女性的月经期、妊娠期和哺乳期。月经期宜多吃猪肝、瘦肉、鱼肉、紫菜、海带等。孕期和哺乳期要保证热量和优质蛋白质摄入量。怀孕后期每日热量要比平日增加450千卡，蛋白质增加30克；哺乳期每日热量要比平时增加500千卡，蛋白质增加25克。同时，要供给足量矿物质和维生素，

注意摄入钙、铁、维生素A、维生素B_1、维生素C、维生素D等。

平衡合理的营养

每日饮一袋牛奶，内含220毫克钙，可有效地补充膳食中钙摄入量偏低现象；每日摄入碳水化合物200～300克，约相当于250～350克主食；每日进食3～4份高蛋白食物，每份约相当于50克猪、牛、羊瘦肉及禽类，或80~100克鱼虾，或1个鸡蛋。以鱼虾类蛋白质为最好，禽类次之，畜肉类再次之，此外，大豆制品也可以提供优质蛋白质同时有益于健康；每日吃500克新鲜蔬菜及水果是保证健康、预防癌症的有效措施，蔬菜应多选食黄色的，如胡萝卜、红薯、南瓜、西红柿等，因其内含丰富的胡萝卜素，具有提高免疫力作用；多饮绿茶，因绿茶有一定的抗肿瘤、抗感染作用。饮食原则应有粗有细、不甜不咸。合理安排饮食确保您的身体既健康又美丽。

相关保健成分

铁	维生素C
维生素A	维生素E

营养小博士

"晚睡"时不"伤身"的小贴士

皮肤的疲劳程度与睡眠质量成正比，所以白领丽人应该提高睡眠质量，尽量在晚上11点之前入睡，因为这段时间皮肤细胞新陈代谢最旺盛。可是偶尔的夜班、应酬使自己不能按照正常的作息时间休息，皮肤状况自然越来越差。一般出现这种情况，事先自己是知道的，这样就可以为"晚睡"而不"伤身"做些准备。皮肤在得不到充足睡眠的情况下，会出现水分、养分的过度流失，在晚餐时多补充一些含维生素C或含有胶原蛋白的食物，利于皮肤恢复弹性和光泽。大多数的水果中都富含维生素C，或者口服1～2片维生素C。晚餐应少食辛辣食品，防止皮肤中的水分过度蒸发。敏感性皮肤的女性应尽量少食易引起皮肤敏感的海鲜。酒精类饮料能帮我们保持旺盛的精神状态，却对皮肤的养分吸收和保持影响很大，因而尽量少用，而多饮用些鲜果榨汁或豆浆、纯净水。

更年期女性应该怎样保养

女性卵巢制造雌激素的能力从40多岁就开始逐渐减弱，易出现潮热、半身出汗以及心悸等类似绝经期的不适症状。这些症状出现的程度，会依照雌激素减弱的程度不同而有所差别。一般说来，东方女性的绝经期症状要比西方女性更少，这可能是与停经前东方女性的雌激素水平较低有关。但是近几年我国有严重痛经及绝经前综合征的女性愈来愈多，绝经期的症状也越来越明显、越来越严重。一方面因为现代女性停经前的雌激素水平变高了，另一方面可能因为环境污染或者工作生活压力过大等原因。对于这一阶段的女性，健康补养需注意以下几点。

补充植物雌激素有助于缓解症状

植物雌激素指的是植物中的一些与动物雌激素结构类似且具有弱雌激素作用的物质，常见的有大豆中的异黄酮或者亚麻籽中的木酚素，它们本身不是雌激素，但由于可以起到部分雌激素的作用，所以被人们通俗的称为"植物雌激素"。这些物质可以帮助女性改善更年期症状。除以上提到的两种植物雌激素外，天然植物中，有很多同样含有丰富植物性雌激素的植物，如红花苜蓿、贞节树、当归、北美升麻等。另外，还有一些植物中所含植物性雌激素的结构及生理作用与另一种雌激素——黄体酮比较接近，如北美野山药常被运用在改善绝经期障碍方面。部分研究发现，联合多种植物性雌激素使用，在绝经期不适症的改善方面比单独使用大豆异黄酮的效果更佳。

合理调整膳食

绝经期妇女很容易发生水、电解质代谢紊乱，特别是水钠潴留，引起下肢或面部浮肿，并进一步可引起血压升高。所以，应限制食盐摄入量，用盐量宜为中青年时期的一半。此外，绝经期妇女的糖代谢、脂肪代谢也常发生

紊乱，容易发生血脂升高，体型肥胖，以及糖尿病、动脉粥样硬化等。所以，绝经期妇女要少吃甜食、动物脂肪和动物内脏，多吃些粗粮、新鲜水果、蔬菜，还应保证优质蛋白质供应，可多吃些瘦肉、鸡、鱼、蛋、乳制品及豆制品。

摄取足够的B族维生素

对于工作和生活压力过大的绝经期女性来说，也应注意精神心理卫生。复合维生素B对维护神经功能，促进消化，预防头痛、头晕，保持记忆力等大有裨益。特别是维生素B_1，对神经系统的健康、增加食欲及帮助消化均有一定的作用。需注意，如摄取过多咖啡因或酒精则会增加B族维生素排出，并且容易使潮热、多汗、失眠等症状恶化，还容易将体内钙质排出、增加骨质疏松症的发生率，而出现烦躁不安及抑郁症状。

防治骨质疏松症

停经后的女性由于雌激素分泌减少引起钙、磷更容易流失，即使从饮食中补充也难以挽救，更容易罹患骨质疏松症。而近年来年轻女性罹患骨质疏松症的人数也在慢慢增加，而且多是由于极端减肥而造成卵巢功能不全，使雌激素的分泌大大减少，使得骨骼变得脆弱所致。如果想治疗女性骨质疏松症，对于绝经期的女性来说最有效的就是雌激素替代疗法。对于非绝经女性，则首先要治疗卵巢功能不全等原发疾病。

成年人每日钙质的推荐摄取量为800～1000毫克。可多选择酸奶、奶酪等乳制品以及大豆制品、小鱼等含丰富钙质的食物。此外也有观点认为，钙质与镁同时均衡摄取能发挥更好的作用，保健食品也可以选择钙＋镁的种类。除了摄取充足的钙质外，还应多摄取能帮助钙质吸收的维生素D，以及含有能促进骨骼形成的维生素K的食物，比如花椰菜或纳豆等。同时，改善日常的饮食生活，适度运动以促进骨骼生长也

相关保健成分

葡萄籽油	钙
B族维生素	镁
维生素C	维生素D
维生素E	维生素K
β-胡萝卜素	异黄酮

是非常重要的。

 # 更年期男性应该怎样保养

雄激素的分泌在20～30岁时最旺盛，之后会随年龄的增长而减少。女性的身体会因为激素分泌的停止发生停经而产生巨大的变化，但相比较而言，男性的更年期不太明显，甚至连本人也不一定了解。虽然主要是因为"男性更年期"的概念尚未普及，不过因为每个人激素减少程度的差异很大，所以有的人几乎没有症状，有的人则带来无尽烦恼。一般男性更年期的年龄在45～60岁，但也因人而异，有人40岁左右，有人则60岁以后才出现症状。

男性更年期的症状分为三种：第一种是精神症状，如疲劳感、集中力和记忆力降低、忧郁等。第二种是身体症状，表现有肌肉力量降低、失眠、出汗、颈部及肩膀酸痛等。第三种是性功能方面，表现为性欲降低、勃起障碍等症状。

为了补充降低的雄激素，可采取激素补充疗法。临床采用睾酮等雄激素的补充疗法，在某种程度上已获得肯定。雄激素的减少不仅会影响阴茎、精囊及前列腺，也会增加罹患骨质疏松症的概率，此外科学家认为还会影响到脑部、肝脏、肾脏、心脏及内脏器官中的血管、肌肉等。所以首先应补充多种维生素及矿物质。如果血压、血脂偏高，可摄取DHA及EPA；如果担心动脉硬化，还可再摄取维生素E、维生素B_6、维生素B_{12}、叶酸等，帮助减少导致动脉硬化的危险因子——高半胱氨酸的浓度。同时还可以每天摄取一定量的茄红素，临床上发现，它不但具有抗氧化作用，还可降低血胆固醇。

相关保健成分

EPA、DHA	维生素B_{12}
维生素B_6	叶酸

营养小博士

做好更年期的心理准备很重要

雄激素的分泌会随年龄的增长而逐渐减少，这是必然现象。但有些人的雄激素水平会在某一时期急速降低，因而可能会在某一天突然表现出各种症状，即男性更年期。有些人到了更年期，身体的整体功能会发生混乱，性生活也容易出现障碍，而不知所措。为了不出现这样的情况，男性应该了解更年期的表现，当身体出现各种不适时，才能冷静应对。而这一时期也正值生活习惯病发作的高发年龄，所以应注意自身健康管理，从生活中的点滴做起，逐渐改善生活习惯，必要时可采用医学手段进行干预，安全度过男性更年期。

金色老年如何摄取保健食品

进入老年期后，人体内各个部位会慢慢老化，器官功能也会减弱。虽说每个人在老年期出现的反应与变化都有很大的差异，但在此时期，每个人激素的分泌、机体免疫能力、消化吸收及咀嚼能力还有味觉等功能都会逐渐衰退，并逐渐出现血管老化、运动功能障碍及记忆力减退等症状。此外，随着人体老化，肌肉的伸展性、弹性以及对外界刺激的反应力会降低，并且基础代谢率降低使人更容易变胖，还容易引发不同程度的慢性病，且大部分都与营养有关，如心血管病、肿瘤、代谢性疾病（糖尿病、痛风以及营养性贫血）等。这些疾病可影响人体对营养的不同需要。

老年期更要摄取保健食品

老年期单纯注意饮食搭配及运动锻炼，仍难以长久维持健康。因为咀嚼能力和消化吸收的功能都逐渐退化，使人体容易产生贫血、营养不良以及骨质疏松症等危险。而且到了高龄时期，虽然一天所需的热量减少，但人体所需的维生素、矿物质及蛋白质却与年轻时差不多，所以此时并不需摄取太多热量，而应该补充人体必需的营养素，这也是为什么老年人更需要适当选择保健食品的原因。

在老年期不能摄取过多的动物性脂肪及蛋黄、猪肝等高胆固醇食物。另外，摄取过多的钠盐容易导致高血压，所以老年人的口味不能太咸。而随着年龄的增加，逐渐迟钝的味觉会让老年人变得喜欢较重口味的饮食，这点也需要注意。此外，为了预防老年人因骨质疏松症而造成骨折，并由此导致髋关节骨折，产生瘫痪的危险，应当摄取充分的钙质和维生素D。

延缓老化速度

人体老化的真正原因至今仍不清楚，不过从营养代谢的角度来看，自由基增加的确与人体老化密切相关。

当我们呼吸时，进入体内的氧气会燃烧食物，并将之转化成热量，此时部分的氧气会产生变化、在体内转化成自由基，而自由基会使细胞过氧化并因此而损害人体细胞，还可能引起老化及各种慢性疾病。因此为了抑制自由基生成，我们必须摄取具备抗氧化作用的营养素。具有抗氧化功能的维生素C、维生素E是第一选择，此外多酚类、银杏叶萃取物、辅酶Q_{10}及胡萝卜素类等也有强大的抗氧化作用。随着年龄的增长，人体各种激素分泌也会减少，而褪黑激素有助于改善这方面的问题，它可产生抗氧化作用、提高睡眠质量并增强人体免疫力。

另外前列腺肥大也是老年期男性很容易罹患的疾病之一，这是因为男性在老化的过程中，激素的平衡被打破而引起的人体变化所引起。对于已有前列腺肥大问题的男性，每天可以服用比较高剂量的茄红素来预防癌变的机会，同时对于排尿困难也有助益。目前还有一

相关保健成分

维生素C

维生素E

银杏叶

辅酶Q_{10}

种名为锯棕榈的草本植物，德国人最早发现它的萃取物对预防与改善前列腺肥大有明显的功效。

　　随着年龄增加，除了身体和生理上的变化外，大脑也会产生变化。所以当记忆力越来越差时，不妨多摄取一些能帮助脑部活化的维生素B_1、维生素B_6、维生素B_{12}以及银杏叶萃取物、DHA等营养素改善症状。

 营养小博士

让自己的身体保持新鲜

　　要想让身体健康，就应摄取新鲜的食物。放置过久的食物，其天然抗氧化的作用就会减弱。因此如果吃下不新鲜的蔬菜，就算能摄取到膳食纤维，也不能获得蔬菜本身应有的天然抗氧化物质。现在蔬菜、水果中的营养素比数十年前少了很多，所以借助保健食品的帮助，补充从食物中摄取不足的营养素也很重要。但如果在摄取保健食品后，身体状况仍未改善，最好先停止使用，接受医生的专业治疗。

预防生活习惯病
保健食品这样吃

第三章

肥胖病

形成原因

肥胖病定义为体内蓄积过多的脂肪，而且并不是单纯因为体重过高，更重要的是在总体重中脂肪所占的比例（体脂肪率）。一般说来，正常体脂肪率男性在15.0%～25.0%、女性在20.0%～30.0%时是正常的。如果超过即可判断为肥胖。所谓肥胖病有两种，一种是因激素分泌、脑部异常及遗传等疾病引起的"疾病性肥胖"；另一种是与原发疾病无关的"单纯性肥胖"。目前绝大多数肥胖都属于后者。

单纯性肥胖有两种，一种是皮下脂肪较厚，常见于女性的"皮下脂肪型肥胖"；另一种是在肠、胃、肝等内脏周围蓄积脂肪，常见于中老年男性的"内脏脂肪型肥胖"。肥胖对多种慢性疾病来说是万病之源，尤其是内脏脂肪型肥胖容易造成糖尿病、高血压、高脂血症等，也容易引发动脉硬化、脑中风及缺血性心脏疾病（心绞痛及心肌梗死）等，而且是脂肪肝的病因，高尿酸血症（痛风）及睡眠呼吸暂停综合征等都与肥胖病密切相关。

从流行病学角度，内脏脂肪型肥胖要比皮下脂肪型肥胖更容易发生生活习惯病。但是皮下脂肪型肥胖者仍不能掉以轻心，特别是女性，因为它容易导致女性性激素失调、造成月经不调或不孕症。而且女性一过更年期，失去了雌激素的保护作用，患生活习惯病的可能性会大大增加，如果再加上肥胖就会更加危险了，而且乳腺癌、宫颈癌以及卵巢癌的发病风险也会因肥胖而增加。此外，任何一种体态的肥胖，只要体重过高就会加重膝盖与腰部的负担，而容易患有膝盖痛、腰痛等病症。

保健营养对策

单纯性肥胖多是因为摄取了超过消耗量的热量，所以减肥除了要限制饮食外，更需要借助体育锻炼消耗多余的热量。而在限制热量的同时，还应注意维生素与锌等矿物质的摄取，比如B族维生素有助于燃烧脂肪。但是限制脂肪摄取的同时，脂溶性维生素A、维生素E及辅酶Q_{10}容易摄入不足，需要额外补充。

有些研究发现，中等量饮酒似乎可以稍微减轻体重，然而更进一步的研究表明，饮酒导致的体重下降，其实是肌肉等非脂肪成分的减少，脂肪并没有减少，这样对身体也是不利的。另外，酒精容易引起高甘油三酯血症以及酒精性脂肪肝，腹部型肥胖者情况可能更加严重。大量酗酒容易增加低密度脂蛋白颗粒，增加患冠心病和脂肪肝的可能性。也有研究认为，少量饮些低度果酒对人体有一定的好处。比如每天喝一杯葡萄酒，可以增加高密度脂蛋白，减少血栓形成的危险，并减少脂质氧化所产生的有毒物质。对肥胖者而言，还是需要严格限制饮酒量和酒的种类。

相关保健成分

B族维生素
复合维生素
复合矿物质

快步行走及游泳等有氧运动均可有效燃烧体内脂肪，但如果同时有心脏疾病等并发症，则应当先咨询医生后再合理运动。

 # 脂肪肝

形成原因

脂肪肝已经成为都市年轻人的"常伴"，多是因为日常饮食摄取过多动物性脂肪及酒精，使肝脏堆积过多的饱和脂肪酸及胆固醇所形成。肝硬化则是由于长年处于慢性肝炎等肝细胞破坏与组织再生的不良循环中，使肝细胞渐渐纤维化、变硬，造成肝功能受损。肝硬化如果持续恶化，则手掌周围、指尖、从胸部上方到脖子、肩膀、手腕根部附近，会出现皮肤红色斑块，并有黄疸或腹水症状。

脂肪肝患者多无自觉症状，或仅有轻度的疲乏、食欲不振、腹胀、嗳气、肝区胀满等感觉。由于患者转氨酶常有持续或反复升高，又有肝脏肿大，易误诊为肝炎，应特别注意鉴别。

保健营养对策

肝脏是"沉默的器官"，若已出现腹胀、恶心等症状时，肝病多已恶化。因此除了定期检查肝功能，限制脂肪和胆固醇摄入外，平常就应充分摄取能增强肝细胞活力的优质蛋白质，蛋白质中许多氨基酸如蛋氨酸、胱氨酸、色氨酸、苏氨酸和赖氨酸都是抗脂肪肝因子，可使肝内合成的脂蛋白顺利运出肝脏，防止肝内脂肪浸润。

肝功能不好时贮存维生素的能力降低，如不及时注意补充，就会引起体内维生素和矿物质的缺乏。为了保护肝细胞和防止损害，应补充对治疗肝病有益的各种维生素和矿物质，特别是富含维生素B_6、叶酸、胆碱、肌醇、烟酸、维生素E、维生素C、维生素B_{12}、钾、锌、镁等的食物和产品，以促进和维持正常代谢，纠正或防止营养缺乏。特别是其中的维生素B_6，是一种能促进脂肪燃烧和分解的营养物质，对脂肪肝患者来说，补充维生素B_6有助于脂肪肝的控制。所以建议日常多食些新鲜的瘦肉、蔬菜、水果和藻类。另外，绿藻及螺旋藻也是优质蛋白质的宝库；牡蛎及扇贝等含有丰富的牛磺酸及氨基酸，也能强化肝脏功能；蚬贝及姜黄能促进胆汁分泌、提高肝脏解毒功能。

注意调整饮食结构，进食高维生素、丰富的蛋白质、适量碳水化合物、低脂的食物，少吃甜食，肥胖者限制热量或增加运动量、降低体重。最好不要喝酒，如果饮酒则要严格限量，每日摄入酒精量男性不超过30克，女性不超过20克。

如有肝脏损害和转氨酶增高时可服保肝药，并服用多种维生素。当然服药需要在医生的指导下进行，最近社会上流行所谓的"抽脂手术"和"洗肠疗法"，并不会降低血脂水平，还可能会因为操作不慎导致感染或其他并发症，故应慎重尝试。

相关保健成分

绿藻	扇贝
螺旋藻	姜黄
牡蛎	

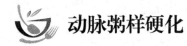

动脉粥样硬化

形成原因

每条动脉都应该是光滑而有弹性的，但是当胆固醇或钙质附着在血管壁上，血管壁就会变厚变硬，时间久了就是动脉粥样硬化。动脉硬化会妨碍血液流通，使大脑、心脏及各内脏器官的功能变差，而增加严重疾病发生的危险。动脉粥样硬化也称血管老化现象，40岁以上的人几乎都有此毛病，近年来发现在10多岁的孩子身上，也发现有初期的动脉硬化，这是非常危险的信号。

引起动脉粥样硬化的原因目前尚未完全摸清，但与遗传性体质、高血压，以及因血中胆固醇（特别是低密度脂蛋白胆固醇）增加而引起的高脂血症及糖尿病等有很大联系，并且一般认为肥胖、压力、运动不足及抽烟等也会提高罹患概率。

动脉粥样硬化会依据硬化部位不同而出现不同症状。体内所有动脉都可能发生动脉粥样硬化，尤其是脑动脉、颈动脉、冠状动脉及肾动脉等。初期脑动脉硬化大多会引起如站起时头晕、头痛、耳鸣以及神经兴奋等症状，恶化后则会引起脑部梗死及脑出血。当冠状动脉硬化时，心脏功能会降低，并可能突然发作心绞痛、心肌梗死、心脏衰竭等心脏疾病。如果肾动脉硬化，则可能引起高血压及肾脏功能障碍。如果大腿动脉硬化、血液无法流通到下肢，则可能引起下肢坏疽。

保健营养对策

要预防动脉硬化，就要保持血管健康，并借改善饮食、运动及戒烟等来保持血管畅通、降低血中胆固醇，并少接触含动物性脂肪较高的食物、含反式脂肪酸的食物（如饼干、人造奶油、用牛油制作的汉堡、鸡、鱼和薯条、油炸方便面以及餐馆的油炸食品等），以及大量甜食及酒精，多摄取富含植物性蛋白质的食品。

青花鱼、沙丁鱼等富含EPA及DHA，能抑制血液凝固，降低人体总胆固醇和低密度脂蛋白胆固醇，其对心脏的直接作用也可降低血管疾病和猝死发生的危险性，如果能与改善血液流通的银杏叶萃取物一起摄取，效果更佳。抗氧化的维生素C能保持血管柔软，防止动脉持续硬化；膳食纤维能吸收多余胆固醇、排出体外，因此应该积极摄取蔬菜、马铃薯、海藻及蘑菇类食物。

相关保健成分

EPA、DHA
银杏叶
膳食纤维
维生素C

 ## 心血管病

形成原因

心脏由心肌构成，负责将血液运送到全身。专门供给心肌营养和血液的称为冠状动脉。冠状动脉的内腔有限，如果在此处发生动脉粥样硬化，就容易引起冠心病甚至心肌梗死。当冠状动脉变得狭窄，并致血液流通不畅时，心肌就会因此而缺氧，经常表现为运动、进餐及洗澡时，产生左胸部压迫感、胸口闷痛。此时如果立即休息几分钟就没事，则称为"劳力性心绞痛"。而如果休息几分钟仍不能恢复，并持续数分钟到10分钟，则可能是更加危险的心绞痛。如果疼痛持续并且剧烈，持续30分钟~2小时，就可能是心肌梗死。心肌梗死是由于冠状动脉完全或大部分阻塞，使心脏血流明显减少而引起心肌坏死的急性病症，发作时可能会并发心功能不全、肺水肿及心脏停搏等严重症状，动辄就有性命危险。

持续的高血压会使心室内部变得狭窄，最终因送出的血液过少而引发高血压性心脏病；若因风湿热等影响，使心脏瓣膜功能减弱，可引发风湿性心脏病，这些情况都应及早就医。

保健营养对策

发生心脏病的风险会因戒烟、适度运动及减少外界压力等而降低，最重要的是预防动脉粥样硬化。减少动物性脂肪（肥肉、猪油、羊油、内脏等）及高热量食物（人造奶油、油炸食物等）的摄取，应该多选择可升高血中"好"胆固醇（高密度脂蛋白胆固醇）及降低三酰甘油（即血脂）的食品，并进行简单的但持久的运动锻炼。

大蒜及大豆能去除过多的"坏"胆固醇、抑制脂肪的增长。黑醋中的特殊氨基酸亦有相同作用。此外，银杏叶中的银杏内酯可扩张冠脉血管，促进血液循环。EPA、DHA能抑制脂肪增长；维生素E可抑制血小板凝集；灵芝及人参可促进血压正常化，对动脉硬化及高血压等循环器官疾病有效；心功能不全者则可服用辅酶Q_{10}。

相关保健成分

辅酶Q_{10}	EPA、DHA
大蒜萃取物	灵芝
黑醋	人参
银杏叶萃取物	维生素E

 脑中风

形成原因

脑中风是因为各种原因引起的脑细胞坏死，而导致大脑功能降低及各种神经障碍的疾病。脑中风是可能危害生命的危险疾病，出现症状时一定要立刻就医。

脑中风分为脑血管中有血栓，导致流向脑部的血液不通的"脑梗死"，还有动脉破裂导致出血的"脑出血"。这两种脑中风都与动脉粥样硬化有密切关系。脑梗死的原因有二，一是脑血栓，当脑动脉硬化后，血管内腔变得狭窄，附着在血管壁的脂肪及血栓脱落后阻碍血液循环。另一种是脑栓塞，即在脑部以外形成的血栓，随血流运行到脑血管后，导致脑动脉阻塞。

脑动脉硬化可引起脑出血，这是因为脑血管无法承受高血压而引起的脑部出血，会出现突然不适、剧烈头痛以及呕吐等症状。脑动脉硬化也可能留下面部麻痹及语言障碍等后遗症。

由于脑中风会因生活习惯病而增加发病危险，比如高血压、糖尿病、高脂血症以及心律失常等心脏疾病都是危险因素。因此定期接受医院检查，早期发现这些问题并及早治疗非常重要。

保健营养对策

要避免容易形成动脉粥样硬化的血中胆固醇、三酰甘油过高，以及过氧化脂质产生。注意饮食均衡、不要摄取过多的饱和脂肪，并避免疲劳、压力、睡眠不足、吸烟及过度饮酒。蘑菇、灵芝等可去除胆固醇、预防脑中风；而银杏叶萃取物能扩张细小血管；ω–3脂肪酸中的EPA、DHA能减少血中的三酰甘油，抑制血小板凝集，鲭鱼中含丰富EPA、DHA，可多多摄取；维生素E及β–胡萝卜素也能防止血管老化。

相关保健成分

银杏叶萃取物	蘑菇
EPA、DHA	灵芝
维生素E	

 # 高血压病

形成原因

"血压"是从心脏送出的血液挤压动脉壁的力量，就是血管所承受的压力。按照国际标准，只要是在收缩压超过140mmHg或者舒张压超过90mmHg及以上者，就是高血压病。而低于120/80mmHg者则认为属于正常或称为最适血压。这之间还有正常、正常高限、正常前期、高血压前期等区分。当一般人出现慢性且持续性血压高的情形，就会被诊断为高血压病。高血压病十分危险，因为其会成为动脉粥样硬化、脑中风、心脏病等疾病的诱因。当血压高时，血管壁会因承受过高压力而容易受伤，并易形

成动脉粥样硬化。当不健康的血管承受极大的高压时就容易造成破裂，若是在脑内血管发生这一幕则会变成脑出血。

高血压病可以分为原因不明的原发性高血压症，以及因肾脏和内分泌系统疾病等引起血压上升的继发性高血压症，大部分患者都属前者。当血压升高、但仍处比较安定的状态下时，一般不会出现自觉症状。但当血压急速上升，并维持在高血压状态时，会有头痛、头晕、心悸、呼吸困难、耳鸣及手脚发麻等症状。放任高血压的状态不管会很危险，平常就应掌握自身血压情况，如过高及时到医院就医。

保健营养对策

肥胖会造成高血压，因此对于过胖而且血压又高的人应首先考虑减肥。

香烟会刺激交感神经，使血管收缩、血压上升；过量的酒精也容易使血压上升，因此最好戒烟、限酒。

此外应改善饮食习惯、尽最大可能减少盐摄取，最好习惯少盐的烹调，也可借此补充含钾盐来帮助体内排出多余钠盐。

如果钾、镁、钙摄入不足也容易造成高血压，因此可摄取复合矿物质的保健食品。不过对于肾脏功能不好、血压也升高者容易发生高钾血症和高镁血症，因此必须先咨询医生。能降低血中胆固醇及中性脂肪的多不饱和脂肪酸（亚麻油、EPA、DHA）对高血压也有一定作用。

相关保健成分

钾

镁

EPA、DHA

 ## 糖尿病

形成原因

葡萄糖是细胞最基本且重要的能量来源，血液中葡萄糖浓度（血糖值）正常时在80~110mg/dl范围内。胰岛素能降低人体血糖值，当胰岛素分泌不足或功能不全时，血液中的葡萄糖浓度会升高，长期持续高于正常值，就容易发生糖尿病。如果血液中的葡萄糖无法被利用，就会随尿液排出。长期血糖值偏高，也就容易引发糖尿病视网膜病变、糖尿病肾病及糖尿病性神经病变等多种并发症。

常见的糖尿病有两种类型。因感染病毒或自身免疫反应异常，破坏了胰岛B细胞，使胰岛素分泌呈绝对不足，发病为1型糖尿病，一般症状非常明显，发病多见于儿童或青少年（15岁之前）。2型糖尿病则为遗传因素加上长期热量摄取过多、运动不足及外界压力等不良生活习惯，使机体对胰岛素的敏感性下降而导致发病。发病多在成年人和老年人，其症状经常非常隐匿，让很多人连发病都不自觉，被很多人称为"甜蜜的杀手"。目前全国糖尿病患者与糖尿病潜在患者总数约有1亿人，大约每6个成年人里有1人是糖尿病患者或糖尿病潜在患者。

保健营养对策

预防糖尿病要从改善饮食习惯与增强运动锻炼开始。肥胖或体重超标是成人患病的重要因素，应控制能量的摄入减轻体重。

糖尿病的治疗中，血糖的控制非常重要。为了抑制餐后血糖值上升，进食的速度应放慢。多吃些蔬菜、蘑菇类、海藻类等富含膳食纤维的食物，并选择低血糖指数（食后血糖上升速度缓慢）的食品，也可选用一些难消化性糊精、缓释淀粉等升糖缓慢的保健食品作为热量来源，或用多酚及白蛋白粉协助降低餐后血糖值。但此类制品的品质良莠不齐，广告宣传很多，必须慎选。能促进能量代谢的B族维生素也非常重要。供给充足的铬、锌、锰等微量元素对于糖尿病的治疗也有一定帮助。还可服用复合维生素及矿物质的保健食品以摄取均衡营养。不过它们都只能帮助预防及改善疾病，均不能起到明确降糖的作用，如果仅仅需要降糖，仍需要去正规医院寻找专科医生诊治。病程长的老年患者应注意钙的供给充足，保证每日1000~1200毫克摄入，预防骨质疏松。

相关保健成分

B族维生素
膳食纤维
多酚类

 # 痛风

形成原因

痛风症是一组与遗传有关的嘌呤代谢紊乱所致的疾病。临床特征为关节炎反复急性发作，造成关节强直或畸形，甚至产生痛风结石。由于血尿酸增高而产生高尿酸血症，沉积于关节部位，结缔组织和肾脏等处产生结石，尿路结石可导致肾实质受损。高尿酸血症的产生是由于尿酸生成过多或排出过低所致。嘌呤代谢紊乱即可造成血尿酸生成过多。痛风症分为原发性和继发性两类。原发性属先天遗传性疾病，继发性是由其他疾病或某些药物所引起的。

根据《2016中国痛风诊疗指南》统计，我国痛风发病率估计在1%～3%，并呈逐年上升趋势。

保健营养对策

痛风患者膳食治疗的目的在于减少外源性的核蛋白，以降低血清尿酸水平并增加尿酸的排出。因尿酸易溶于碱性液中，膳食中多食用成碱性食物，促使尿液呈碱性反应对治疗有利。因痛风患者多肥胖，应实施减重措施，但要循序渐进，切忌减得太猛，因突然减少热量的摄入会导致酮血症，酮体与尿酸相竞排出，使尿酸的排出减少，可能促进痛风急性发作。

食物中的核酸多与蛋白质结合形成核蛋白，核蛋白在胃中受胃蛋白酶作用再分解成核酸和蛋白质。核酸经胰酶等水解而生成游离的嘌呤再被吸收。因此，痛风患者应限制嘌呤的摄入量。而蛋白质的摄取应以谷类、蔬菜类为主要来源，优质蛋白质宜选用不含或少含核蛋白的奶类及奶制品、鸡蛋等。

为促使尿酸排出，防治结石形成，应大量摄入水、果汁和矿泉水等饮料，至少每日在2000毫升以上，以保持尿液稀释。各种维生素摄入均应充足，特别是维生素B和维生素C。尿酸在碱性环境中容易溶解，蔬菜和水果既是成碱食物，又能供给丰富的维生素与无机盐，易多食用。

目前主张痛风患者禁用含嘌呤高的食物，并根据不同的病情，决定膳食中嘌呤的含量。在急性期应严格限制嘌呤在150毫克以下，以免增加外源性嘌呤的摄入，可选用牛奶、鸡蛋、精白米、白面、嘌呤生成量低的蔬菜、水果、糖、咖啡、茶、可可等食物，脂肪不超过每日50克，以碳水化合物补足热量的需要。禁用含嘌呤高的动物内脏（肝、肾、胰）、鲭鱼、鳗鱼、沙丁鱼、小虾、肉汁、肉汤、扁豆、干豆类（含腺嘌呤高）。液体进量不少于每日3000毫升，此外，可用碳酸氢钠、枸橼酸钠等药物使尿液碱性化。

在缓解期，膳食配合药物达到尿酸负平衡，控制尿酸盐沉积和血清尿酸水平。膳食要求是给以正常平衡膳食，以维持理想体重。由于高蛋白质摄入能加速痛风患者生物合成尿酸，故蛋白质每日仍以不超过80克为宜。禁用含嘌呤高的食物；有限量地选用含嘌呤中等量的食物，其中的肉、鱼、禽类每日用60~90克（或每周五次，视病情而定），还可用煮过汤的熟肉代替生肉，不要喝肉汤；另外可自由选用含嘌呤低的食物。

 **胃溃疡**

形成原因

胃溃疡是指发生于贲门与幽门之间的炎性坏死性病变。机体的应激状态、物理和化学因素的刺激、某些病原菌的感染都可引起胃溃疡发生。消化性溃疡则泛指胃肠道黏膜在某种情况下被胃液所消化而造成的超过黏膜肌层的坏死糜烂面。胃溃疡可发生于任何年龄，以45~55岁最多见，在性别上，男性和女性差别不大，男性患者略多。

纯酸性的胃液能够破坏和消化包括胃在内的一切活组织。在正常情况下，胃黏膜不被消化，是因为胃黏膜具有一系列保护机制，包括黏稠的黏液、黏膜上皮以及黏膜细胞的高度更新能力，还有胃壁丰富的血液供应、碱性的胰液和十二指肠液的作用、胃的正常排空功能，都是有效的防卫措施。酸性胃液的侵蚀作用和胃黏膜的防御力量在正常时处于动态平衡，而胃溃疡病的发生则是失去这一平衡的结果。

胃溃疡的症状主要是上腹部疼痛，疼痛可以是钝痛、烧灼痛、胀痛或饥饿不舒服感觉，多位于中上腹，典型疼痛有节律性。胃溃疡表现为进食后约1小时发生，疼痛需1~2个小时逐渐缓解，到进下一餐后重复发生。而不典型的溃疡病症状只是表现为上腹部不适或隐隐约约的痛。不论典型还是不典型都会伴有泛酸、嗳气、上腹胀等症状。在溃疡活动期可有柏油便，即大便呈黑色，表面还有一定的亮度。上腹部可有轻度的压痛。胃溃疡可能导致胃出血、穿孔、幽门梗阻、癌变等。

保健营养对策

加强营养，应选用易消化、含足够热量、蛋白质和维生素丰富的食物，如稀饭、细面条、牛奶、软米饭、豆浆、鸡蛋、瘦肉、豆腐和豆制品；富含维生素A、维生素B、维生素C的食物，如新鲜蔬菜和水果等。这些食物可以增强机体抵抗力，有助于修复受损的组织和促进溃疡愈合。有泛酸症状的患者应少喝牛奶。

限制多渣食物，应避免吃油煎、油炸食物以及含粗纤维较多的芹菜、韭菜、豆芽、火腿、腊肉、鱼干及各种粗粮。这些食物不仅粗糙不易消化，而且还会引起胃液大量分泌，加重胃的负担。

不吃刺激性大的食物，禁吃刺激胃酸分泌的食物，如肉汤、生葱、生蒜、浓缩果汁、咖啡、酒、浓茶等，以及过甜、过酸、过咸、过热、生、冷、硬等的食物。甜食可增加胃酸分泌，刺激溃疡面加重病情；过热食物刺激溃疡面，引起疼痛，会使溃疡面血管扩张而引起出血；辛辣食物刺激溃疡面，使胃酸分泌增加；过冷、过硬食物不易消化，可加重病情。

另外，胃溃疡患者还应戒烟，烟草中的尼古丁能改变胃液的酸碱度，扰乱胃幽门正常活动，诱发或加重溃疡。

 **慢性胃炎**

形成原因

根据胃镜检查与胃黏膜活组织检查等结果证明，慢性胃炎占受检总数的37%~75%。慢性胃炎中以浅表性胃炎与萎缩性胃炎最为常见，有时临床上两种病变同时存在。慢性胃炎的临床症状是由于胃功能失调后的多种因素引起的。因此，只依据胃黏膜病变的轻重程度并不能与患者所表现的症状完全一致，尤其当泌酸功能增强和胃蠕动频繁时，胃部的症状就会加重。

我国慢性浅表性胃炎发病率较高，往往是急性胃炎反复发作后，胃黏膜病变经久不愈所致。因此，与饮食因素亦有关系，如长期饮用对胃有刺激性的烈酒、浓茶、咖啡、过量的辣椒等调味品；不合理的饮食习惯以及摄食过咸、过酸与过于粗糙的食物，反复刺激胃黏膜。另外，营养素的缺乏也是一个重要的因素，蛋白质和B族维生素长期缺乏，使消化道黏膜变性。浅表性胃炎因伴有高酸和胃蠕动频繁，故多数患者在中上腹部有饱闷感或疼痛、食欲减退、恶心、呕吐、泛酸、烧心、腹胀等症状。当严重破坏胃黏膜、广泛糜烂时，也可能无症状。浅表性胃炎如反复不愈，就会演变为慢性萎缩性胃炎。

慢性萎缩性胃炎特点是胃腺体萎缩、黏膜皱襞平滑、黏膜层变薄、黏膜肌层增厚。由于腺体大多消失和胃的分泌功能低下，盐酸、胃蛋白酶和内因子的分泌减少，影响胃的消化功能。因胃的内环境改变而有利于细菌和霉菌的生长，患者常伴有上腹部不适、胀满、消化不良、食欲减退、贫血与消瘦。如局部组织的再生过程占优势时，可发生息肉甚至转变为胃癌。

保健营养对策

慢性胃炎的治疗原则是保护胃的各项功能。同一疾病在不同病变时，饮食也随之改变。酸多时要抗酸，应用营养胃黏膜的药物和饮食，使胃黏膜细胞、壁细胞获得再生。酸少时，用刺激胃黏膜细胞的食物，使其分泌。所以饮食治疗应注意以下几点。

细嚼慢咽，尽量减少胃部负担，发挥唾液的功能。唾液中有黏蛋白、氨基酸和淀粉酶等能帮助消化，还有溶菌酶有杀菌的能力，阻止口腔细菌大量繁殖，咽入胃后可中和胃酸，降低胃酸的浓度。

温和食谱，除去对胃黏膜产生不良刺激的因素，创造胃黏膜修复的条件。食物要做得细、碎、软、烂。烹调方法多采用蒸、煮、炖、烩与煨等。

少量多餐，每餐勿饱食，使胃部负担不过大。用干稀搭配的加餐办法解决摄入能量的不足，如牛乳一杯、饼干2片、麦乳精一杯、煮蛋一个。

增加营养，注意多摄入生物价值高的蛋白质和含维生素丰富的食物，贫血患者多吃含铁多的动物内脏、蛋类、带色的新鲜蔬菜和水果，如西红柿、茄子、红枣、绿叶蔬菜等。

酸碱平衡，浅表性胃炎胃酸分泌过多时，可多用牛乳、豆浆、涂黄油的烤面包或带碱的馒头干以中和胃酸。萎缩性胃炎胃酸少时，可多用浓缩肉汤、鸡汤、带酸味的水果或果汁，带香味的调味品，以刺激胃液的分泌，帮助消化。当慢性胃炎伴有呕吐和腹泻等急性症状时，应大量补给液体，使胃部充分休息。当并发肠炎时，食谱中不用能引起胀气和含粗纤维较多的食物，如蔗糖、豆类和生硬的蔬菜和水果。

阻击亚健康的
营养保健攻略

第四章

什么是亚健康

亚健康状态成为目前"时髦"的名词，通常是指机体虽无明显的疾病，却呈现出活力减低、适应能力减退的一种生理状态，是介于健康与疾病之间的某种生理功能低下状态。一般来说，亚健康状态由四大要素构成：即排除疾病原因的疲劳和虚弱状态，介于健康与疾病之间的中间状态或疾病前状态，在生理、心理、社会适应能力和道德上的欠完美状态，以及与年龄不相称的组织结构和生理功能的衰退状态。

亚健康的界定

以世界卫生组织四位一体的健康新概念为依据，亚健康可划分为：①躯体亚健康。主要表现为不明原因或排除疾病原因的体力疲劳、虚弱、周身不适、性功能下降和月经周期紊乱等。②心理亚健康。主要表现为不明原因的脑力疲劳、情感障碍、思维紊乱、恐慌、焦虑、自卑以及神经质、冷漠、孤独、轻

率，甚至产生自杀念头等。③社会适应性亚健康。突出表现为对工作、生活、学习等环境难以适应，对人际关系难以协调，即角色错位和不适应是社会适应性亚健康的集中表现。④道德方面的亚健康。主要表现为世界观、人生观和价值观上存在着明显的损人害己的偏差。

按身体的组织结构和系统器官分为神经精神系统、心血管系统、消化系统、骨关节系统、泌尿生殖系统、呼吸系统、特殊感官等亚健康状态。

亚健康的诱因

亚健康没有明确的诊断标准，目前一般使用自评表或调查问卷来进行评

分。但目前这些表格及问卷无统一标准，所以诊断率的差异较大。目前的调查结果显示我国亚健康人群发生率在20%~80%之间，发生年龄主要在35 ~ 60岁之间。人群分布特点为：中年知识分子和从事脑力劳动为主的白领人士、领导干部、企业家、影视明星是亚健康高发人群，青少年亚健康问题令人担忧，老年人亚健康问题复杂多变，特殊职业人员亚健康问题突出。

亚健康有四大诱因。

1. 过度紧张和压力 研究表明长时期的紧张和压力对健康有四害：一是引发急慢性应激，直接损害心血管系统和胃肠系统，造成应激性溃疡和血压升高、心率增快、加速血管硬化进程和心血管事件发生；二是引发脑应激疲劳和认知功能下降；三是破坏生物钟，影响睡眠质量；四是免疫功能下降，导致恶性肿瘤和感染机会增加。

2. 不良生活方式和习惯 如高盐、高脂和高热量饮食，大量吸烟和饮酒及久坐不运动是造成亚健康的最常见原因。

3. 环境污染的不良影响 如水源和空气污染、噪声、微波、电磁波及其他化学、物理因素污染是防不胜防的健康隐形杀手。

4. 不良精神、心理因素刺激 这是心理亚健康和躯体亚健康的重要因子之一。

测测自己是否属于亚健康

对照着下面这些症状。测一测自己是不是处于亚健康，或者处于亚健康的什么状态？如果您的累积总分超过30分，就表明健康已敲响警钟；如果累积总分超过50分，就需要坐下来，好好地反思你的生活状态，加强锻炼和营养搭配等;如果累积总分超过80分，赶紧去医院找医生，调整自己的身心状态，或是申请休假，好好地休息一段时间吧！

❶ 早上起床时，有持续的发丝掉落。5分

❷ 感到情绪有些抑郁，会对着窗外发呆。3分

❸ 昨天想好的某件事，今天怎么也记不起来了，而且近些天来，经常出

现这种情况。 10分

❹ 害怕走进办公室，觉得工作令人厌倦。 5分

❺ 不想面对同事和上司，有自闭症式的渴望。 5分

❻ 工作效率下降，上司已表达了对你的不满。 5分

❼ 工作一小时后，就感到身体倦怠，胸闷气短。 10分

❽ 工作情绪始终无法高涨。最令自己不解的是无名的火气很大，但又没有精力发作。 5分

❾ 一日三餐，进餐甚少，排除天气因素，即使口味非常适合自己的菜，近来也经常如嚼干蜡。 5分

❿ 盼望早早地逃离办公室，为的是能够回家，躺在床上休息片刻。 5分

⓫ 对城市的污染、噪声非常敏感，比常人更渴望清幽、宁静的山水。5分

⓬ 不再像以前那样热衷于朋友的聚会，有种强打精神、勉强应酬的感觉。2分

⓭ 晚上经常睡不着觉，即使睡着了，也总是在做梦的状态中，睡眠质量很糟糕。 10分

⓮ 体重有明显的下降趋势，每天早上醒来，都发现眼眶深陷，下巴突出。10分

⓯ 感觉免疫力在下降，春秋流感一来，自己首当其冲，难逃"流"运。5分

⓰ 性能力下降，昨天妻子（或丈夫）对你明显地表示了性要求，但你却经常感到疲惫不堪，没有什么性欲望。妻子（或丈夫）甚至怀疑你有外遇了。10分

 ## 减肥综合征

每人都希望自己有一个健美的体格，这是人之常情。过于肥胖不仅影响美，而且有损健康，因此，肥胖者适当控制饮食是必要的。但是有些青年男女为了追求苗条，过分地节制饮食，滥用减肥药，结果导致营养不良，体质衰

弱，百病<u>丛生</u>。这种因减肥而引起的一系列症状，称之为减肥综合征。

具体表现

本病的显著特点是厌食、身体瘦弱、体重显著减轻，女性还可能有闭经现象。厌食是由于病态心理所引起的。由于减肥心切而主动节食，开始时并不厌食，而是制造种种借口拒绝进食，甚至千方百计诱发呕吐，以一吐为快。久而久之，就真正不思饮食，吃几口就觉得胃部饱胀不适而中止进食，或者看到食物就不想吃。如果强迫患者进食，常常会诱发恶心、呕吐。

减肥药也可产生厌食。减肥药如苯丙胺、氟苯丙胺等，是一种中枢食欲抑制剂，服了以后会产生厌食，并可引起恶心、呕吐、便秘、出汗、口干、血压升高、心跳加快、失眠、头晕目眩等副作用。因此，这些药物只限于在医生指导下治疗肥胖症患者，不能滥用。

由于长期进食量少，饮食中有限的能量不足以供应人体日常的消耗，形成入不敷出的局面。于是，人体就消耗体内储存的糖原、脂肪和蛋白质来弥补不足。最初动用糖原，但体内糖原储存有限，继而动用脂肪、蛋白质。结果，肥胖是消失了，可是，蛋白质也大量分解，全身肌肉萎缩，组织器官功能减退，抵抗力降低，胃肠道消化腺体萎缩，分泌减少，胃酸减低，胃壁肌肉松弛，消化能力显著减退，出现顽固的消化不良和食欲不振。

由于厌食引起全身营养不良，营养不良反过来又导致消化功能减退，使饮食进一步减少形成恶性循环。严重时全身疲乏无力，体力衰退，工作效率明显减低，学习成绩明显下降，显著消瘦，皮肤松弛，皮下脂肪和肌肉萎缩，骨骼显得突出，面部和下肢浮肿。少女营养不良会发生青春期延迟，甚至到了18~19岁还没有月经，全身发育不良。青年妇女营养不良则发生闭经、不孕。免疫系统也受到严重损害，抵抗力减低，容易发生感染如肺结核、肝炎等，感染后往往引起中毒性休克，严重时可导致死亡。

防治策略

减肥综合征是由于过分节食和滥用减肥药物而造成的，因此，要防治减肥综合征，关键在于正确防治肥胖。

1. 控制饮食要适当　对于本来不胖的人，不要怕肥胖而节食。对于只有肥胖倾向或稍胖的人，也无需严格限制进食，只要少吃零食或不过多摄取高脂肪和糖即可。对于肥胖者，可以适当减少饮食，特别是高脂肪及糖类。通常每日摄取热量可控制在1500千卡左右。饮食中蛋白质含量不应减少，蔬菜等低热量食物可以增加，使维生素和矿物质不致缺乏，并可减少饥饿感。千万注意不要盲目过分节食，防止病态心理而引起厌食。

2. 积极运动锻炼　增加运动量可以消耗部分过多的热量，减少体内脂肪聚集，运动还可增加肌肉张力，保持肌肉健壮，同时也可促进体内循环及代谢，维持系统器官的正常生理功能。特别对于并不肥胖或只有肥胖倾向的人，要把主要力量放在运动锻炼上，以达到真正的健美。

3. 切忌乱服减肥药　减肥药虽可抑制食欲，减少进食，但可引起失眠、紧张等中枢神经兴奋症状，过多服用还可成瘾。因此，一般不宜服用，只有过于肥胖者对主动控制饮食难以耐受时，可在医生指导下，在治疗开始时短期服用。

4. 支持疗法　节食减肥一旦发生厌食，一般治疗往往很难奏效。应采取积极的支持疗法，先用鼻饲管供应营养或用静脉高营养补液来增加体重，改善全身营养状况，恢复各器官的功能，有感染时应及时控制感染，预防产生严重并发症。

办公室综合征

随着我国经济的不断发展，大大小小的办公机构也愈来愈多。井然有序、

恒温舒适、富丽气派、清洁明亮的办公室如不注意环境保护，其工作人员则很容易患上"办公室综合征"。

病因及表现

办公室里空气污染是引发本征的主要原因。污染之一来自吸烟。据研究人员检测，在10平方米的密闭室内，如果4个人每人每天吸10支香烟，室内二氧化碳含量就会大大超过规定标准。假如二氧化碳含量达到5%，就会让人窒息。

污染之二来自现代化的办公设备。办公室里的复印机、打印机、传真机、录像机、电脑都可造成室内空气的污染和负离子的缺乏。如复印机可以散发出致人疲劳和皮肤疼痛的碳氢化合物。从电脑荧光屏中释放的正离子会干扰操作者身体的新陈代谢，降低其对疾病的抵抗力；正离子又像磁体一样，吸引了室内空气中的负离子，让全室人员工作时都得不到正常的电离环境。

污染之三来自办公室内装修材料和陈设物品。一些不符合绿色环保要求的装潢材料常逐渐散发出包括卤代烃化合物、芳香烃化合物、醛类化合物、酮类及酯类化合物等有害挥发性气体。此外还有办公用具表面的油漆、塑料贮藏箱、油漆刷的墙壁、人造纤维板、硬纸板盒和一些由泡沫绝缘材料制成的物品都会散发出苯酚、甲醛气体；烧坏的荧光灯管会散发多氯联二苯；脏的空调过滤器会滋生细菌、病毒。

污染之四来自不合理的建筑设计。例如设在大楼地下室的车库，汽车燃烧的废气常会顺楼梯或电梯升降机口逸往大楼内部。许多建筑物的进气孔设在出气孔正对面，这样容易使污染气体在室内残留，不利于室内空气的流通。

不适表现可有头晕、头痛、乏力、心情焦躁，甚则恶心、呕吐、食欲不振、眼睛发红、喉头干燥。有的出现类似上呼吸道感染症状，有的表现为皮肤过敏现象，有的出现血液系统和神经系统疾病症状。

防治策略

1. 排除污染　室内装修要用绿色环保产品。搞好办公室的清洁卫生，定时打开门窗进行通风换气或购置空气净化器，驱逐室内各种有毒有害气体。室内禁止吸烟。

2．锻炼身体　工作间歇时，坚持到楼外舒展一下身体，做做深呼吸，踩踩鹅卵石路。平时经常参加体育活动。

3．种植绿色植物　在办公室中摆放绿色植物或藻类植物，为办公室营造富氧环境。

4．科学饮食　每日食用新鲜的蔬菜和水果，补充维生素C和B族维生素，对抗过氧化，也可以选用多种维生素制剂，达到营养的平衡。

空调综合征

空调综合征是环境因素所致的疾病。随着空调在工作场所和家庭中的普及，其发病率逐年增高。

夏季气温高，衣着单薄，长时间待在低温环境里，"冷"感觉传至体温调节中枢，使得皮肤血管收缩，汗腺停止分泌，以减少散热，保持体温；"冷"感觉使交感神经兴奋，导致腹腔内血管收缩，胃肠运动减弱，从而出现诸多相应症状。寒冷刺激女性躯体，可影响卵巢功能，导致月经失调等。除上述"冷"的因素外，门窗密闭，缺少新鲜空气；空调房内、外气温相差过大；空调过滤器无法排除微生物，致病菌容易在空调房内寄宿、生长繁殖，这些都是致病的原因。

经过长时间的研究，科学家发现导致空调病的最大元凶是室内废气甲醛。一项研究表明，许多常用的家具产品散发出大量的甲醛气体，这种气体被认为可能是一种致癌物质。

具体表现

空调房间与室外的温差较大，如果人们经常进出空调房间，就会引起咳嗽、头痛、流涕等感冒的症状。

如果在空调房间温度调得较低的地方待得时间过长，又遇衣着单薄，就会引起关节酸痛，或颈僵背硬，或腰沉臀重，或肢痛足麻，或关节僵痛，或头晕脑胀，或肩颈麻木。女性易出现月经失调。

如果在空调房间待得太久，由于空气不好，容易使人头晕目眩。

防治策略

1．少开空调，控制室温　多利用自然风降低室内温度，适量流汗是预防空调综合征的要诀。室温宜恒定在24℃左右，室内外温差不宜超过7℃。室内空气流速宜维持在每秒钟20厘米左右，办公桌勿置于冷风直吹处。

2．增添衣物，注意保温　书写、打字等长时间坐定的办公者，需适当增添穿脱方便的衣服，女性穿裙子时则应在膝部覆巾予以保护。同时注意间歇站起活动片刻，以增进人体末梢血液循环。

3．加强运动　下班后适当运动锻炼流点汗，再洗个温水澡。

4．补充水分和钾、镁摄入　补充水分，每日保证喝6杯温开水，调节体内的水盐代谢环境，有助于身体的恢复。多补充含钾和镁的食物，有助于恢复体力。

 # 计算机综合征

计算机综合征又称"反复紧张性损伤症""计算机键盘疲劳综合征""上网过多障碍症""贪网症"，操作电脑时姿势不良，工作时间过久，常可导致眼睛疲劳，手、腕、臂、肩功能性损伤。

为了保护电脑族的健康，应提倡科学用脑和加强体育锻炼，同时配合科学的膳食。众所周知，人脑是身体的"司令部"，大脑虽然重量只有体重的2%，但是每天需要的热能却高达人体消耗总能量的20%，而人脑能够利用的能源物质只有血液中的葡萄糖，如果血糖浓度降低，大脑的耗氧量也下降，会使人感到头晕、疲倦甚至昏迷。因此选用富含糖类的食品，如大米、面粉、小米、玉米、红枣、桂圆、红薯等，能够确保大脑的灵活运转。

大脑细胞在代谢过程中还需要大量蛋白质来补充、更新，增加优质蛋白质的摄入能够增强大脑皮层的兴奋作用和抑制作用，保证大脑的正常工作。脂肪中的卵磷脂有一定的补脑作用，能使人精力充沛，工作和学习的持久能力增强。因此摄入富含优质蛋白质的食品，如禽类、蛋类、奶类及奶制品、水产品、瘦的畜肉、大豆及豆制品，都对大脑有利。大豆及豆制品、蛋黄等能够补充卵磷脂，但是由于紧张的电脑工作容易使机体出现脂肪代谢紊乱而发生高脂血症和肥胖，因此对于植物油、坚果等含油脂过高的食物应保证适量摄入而不要过量。

紧张的神经活动还增加了身体对维生素C、B族维生素的需要量提高25%～40%，长期用眼还增加维生素A的需要量。在食物中，动物肝脏、奶类、蛋类含有较多的维生素A，胡萝卜、韭菜中含有较多的β-胡萝卜素，可以在体内转变成维生素A，应经常选食；谷类、豆类、蔬菜、奶类、肉类等含有丰富的B族维生素，绿叶蔬菜、水果中富含维生素C，应在膳食中注意补充。还可以每天补充1片复合维生素制剂，但是我们不主张不靠饮食，每天仅靠保健品提供营养，一方面容易导致营养素的浪费或者营养素中毒；另一方面可能会影响其他营养物质的代谢，也会影响健康。

 # 易感冒

形成原因

感冒的主要原因是感染了病毒，引起鼻、口腔、喉咙以及支气管的上呼吸道发生急性感染或炎症，容易产生喉咙红肿疼痛、流鼻涕、发烧、咳嗽、打喷嚏、头痛、发冷等症状。感冒病毒分许多种，如咽部发炎往往是感染了腺病毒，流鼻涕或鼻塞则是感染到鼻病毒等。

感冒病毒几乎都是通过飞沫传播。当过度疲劳或抵抗力减弱时，或者当干燥的空气使喉咙及鼻黏膜受伤时，病毒就会入侵我们体内。如果放任感冒置之不理，就可能引起各种疾病。因为感冒已经是向人体发出抵抗力低下的信号了。人类原本就受到许多细菌、病毒的威胁，而防止细菌入侵的第一道防线就是皮肤及黏膜，接着是血液中的巨噬细胞。如果这两层防线还不能阻止细菌的入侵，最后出场的就是抗体及淋巴细胞等白细胞，人体内的免疫功能开始发挥作用。一旦感冒就说明人体已经失去对细菌的抵抗力，原有的慢性疾病就会恶化，如支气管炎可能演变为肺炎等，可能变成致命的疾病。

预防及改善方法

维生素A、维生素C及锌、乳酸菌等有预防感冒的作用，平时经常食用也可以强化黏膜及血管功能，提高人体免疫力。如果感冒了，还可以配合身体状况摄取能对抗细菌及病毒的物质，如生姜、绿茶、枸杞、大蒜等。不过要切记，保健食品只能预防而不能治疗感冒。此外，用红茶漱口对预防流行性感冒也有效果。虽然每年国家都生产一些对抗强力病毒的流行性感冒疫苗，能够预防这些疾病的发生，但是我们无法预测会出现哪一类型病毒的流行性感冒，所以要时时注意自己的健康。最有效的办法是锻炼身体，增强体质。天气变化时要注意增减衣服，防止受凉或受热。淋雨后宜服生姜红糖水。劳动或运动出汗，不要骤然脱衣，更不宜马上洗冷水澡。感冒是通过呼吸道传染的，所以要定期开窗通风，保持室内空气流通。

流行性感冒的治疗目前尚无特效的抗病毒治疗，主要以对症和支持疗法为主，包括卧床休息、多饮水。充分的休息和足够的睡眠可迅速减轻症状，促进自愈、早日康复。发热期间体力消耗较大，同时吸收功能也受到影响，因此应多饮茶水或糖水。饮食宜用清淡、易消化的米粥及新鲜蔬菜，忌食辛辣刺激、油腻食物。同时可应用解热镇痛药，也可应用抗生素治疗继发性细菌感染，亦可用中医中药治疗。在流行性

相关保健成分

维生素C	乳酸菌
维生素A	儿茶素
β-胡萝卜素	大蒜
锌	

感冒多发季节不去人多、空气污浊的公共场所，减少大型集会。定时开窗通气，保证室内空气流通和清洁。注意锻炼，提高自身的免疫力。身体素质较好者，可坚持冷水洗脸和冷水擦浴。必要时应用流感疫苗。

 易上火

形成原因

"火"是什么？火是人体内在状态的一种综合反映。导致上火的原因如下。

疾病因素：心血管疾病患者或肥胖、便秘的人都易阴虚火旺。

饮食因素：辛辣食物容易引起上火。辛辣食物主要指带有辛辣味的刺激性食物，如葱、姜、辣椒、胡椒等。这类食物多作做调味之用，但多食容易上火。另外，很少吃蔬菜、水果的人也易上火。

心理因素：心境不平和，遇事不冷静，急躁，易怒，易生气，易上火。

此外，造成上火的原因之一是因为体内新陈代谢加快，让肝脏产生的糖分变多，使脂肪酸进入血液中，所以说吃太多甜食的人也容易火气大。

具体表现

夏季，烈日炎炎，人心浮躁，自然是容易上火的时节。炎热天气，人的毛细血管扩张，血液集中到皮肤上，引起大脑供血不足，就会导致精神不振及没有原因的低热等，中医学上称为"疰夏"。加之人们睡眠不足，有的人体弱体虚，消化功能受到影响等原因，从而引发一系列上火症状。

常见的"上火"有：①心火。心火太旺会出现心烦、心悸、失眠、口舌生疮、小便赤黄等症状，常用黄连、莲子心等药物清心泻火。②肝火。心胸狭小，沉郁寡欢，遇事心烦易怒者会导致肝火，表现为头痛、头晕、面红耳赤、口苦咽干、胸闷胁痛，可用龙胆草、生枝子、夏枯草等药调治。③胃火。常由饮食不节、嗜酒、过食肥甘辛辣厚味，形成"食积"所致，症状为胃部灼热疼痛、口干口臭、腹痛便秘、牙龈肿痛，多以山楂、知母、生石膏等药物泻胃清

火。④肺火。因气候骤然变化或劳倦过度引发，主要症状是呼吸气粗、高热烦渴、咳吐黄稠痰，甚至痰中带血，多用黄芩、桑白皮、甘草等药物清肺火。

预防及改善方法

维生素C具有抗氧化、减少自由基对身体侵害、增强人体免疫力、抵御疾病等作用。皂角苷、腺嘌呤、柠檬素可以调节小肠功能，防止脂肪、多糖等高热量大分子物质吸收，从而加速消耗体内蓄积脂肪，可降低血糖和血压、血胆固醇，促进血液循环，使血管坚韧，从而起到防御动脉硬化等心脑血管疾病和清肺、平肝、祛火作用。

火大的人，除了注意均衡营养外，还应保持心境的平和，适度的运动和充足的休息。心境平和尤为重要。心境不平和，必生烦恼。烦恼之心，必生病痛之体。据中国心脑血管病防治专家介绍：人体的动脉硬化至血管堵死，要几年、十几年、甚至几十年才能形成。如果生气上火，可能一分钟就使血脉中断，当即毙命。可见，易上火的人，无论什么原因所致，都应时刻保持良好的心态，保持淡泊、宁静、宽容、博爱的境界，再加上合理膳食，适量运动，充足休息，相信您一定会找回失去的健康。

 # 口腔溃疡

形成原因

口腔内如果不能保持清洁，各种细菌或病毒就会增加，而容易患上口腔溃疡。当身体健康时口腔黏膜具有抵抗力，不易生病。但如果因感冒或疲劳、紧张等造成营养状态不好，身体开始衰弱，平时潜伏在口腔内的细菌就会侵犯黏膜，从而造成溃疡或炎症。而容易得口腔溃疡的人多半容易紧张、偏食、有慢性疲劳或是有慢性的胃肠道疾病，而且大多缺乏B族维生素。

常见的口腔溃疡和炎症可以根据轻重程度分为卡他型、复发型、疱疹型。症状较轻的卡他型口腔炎症最为常见，特征是口腔内会发炎，且有红肿，如果放任不理则会唾液增加，嘴巴觉得黏黏的，且口臭增强。不过这种情况多数会在一周内自然痊愈，也可以服用维生素C和维生素B_2加快愈合过程。复发型口腔溃疡多是反复发作性的，在嘴唇的内侧、舌的各个部位等活动的范围内频繁、反复地发生。而在牙龈等不动范围内出现的就可能是疱疹型口腔溃疡。这些溃疡经常会在身体不适或者抵抗力低下的时候形成，刚开始会出现水疱，水疱破溃后形成溃疡，完全愈合需要2周甚至一个月的时间，因为疼痛所以容易降低食欲，进一步降低抵抗力，形成恶性循环。需要及时服用抗生素或维生素进行治疗。

预防及改善方法

要预防口腔溃疡，最重要的是经常漱口，并保持口腔的卫生。如果牙齿排列不整齐也易伤害到口腔黏膜，所以也需治疗。常患口腔溃疡的人，可能与缺乏维生素及矿物质等营养素有关，因此应积极补充。B族维生素是供给身体所需能量的必要成分，对因感冒、疲劳或体力不足引起的口腔溃疡很有效。也可以经常性多摄取如猪肝、牛奶、鸡蛋、鱼类等富含B族维生素的食物。此外还应多摄取能让口腔黏膜维持健康的维生素A。对于经常饮食不正常或容易食物过敏的人，可以补充一些保健食品来维持健康。

此外，疲劳及压力也会引起口腔溃疡，所以应保持充分休息。若已经出现口腔溃疡的前兆，就应尽快处理预防溃疡发生。而已经患有口腔溃疡的人，尽量不要选择太烫、太辣或太酸的食物，也要控制抽烟的量。

相关保健成分

B族维生素

维生素A（β-胡萝卜素）

复合维生素及矿物质

 口臭

形成原因

人类的嘴巴里栖息着上百亿的细菌，它们会分解因新陈代谢而脱落的口腔黏膜及进食的食物碎屑，生成甲硫醇（CH_3SH）等化学物质而形成口腔中的臭味。此时若唾液分泌充足，食物的碎屑及细菌都会被冲走，一般不会造成口臭。早晨刚起床或者睡眠后有口臭，多是因为睡眠时唾液分泌减少，而并非生理性口臭。

口腔附近组织病变如化脓性扁桃体炎、化脓性上颌窦炎、萎缩性鼻炎、萎缩性咽炎等，由于脓性分泌物也可发出臭味。此外，梅毒性溃疡、咽峡炎、鼻肿瘤等，均可发出臭味。但是有些人唾液分泌极度减少，比如一些患有干燥综合征的人，嘴里会非常干涩、有黏稠的感觉，且会有蛀牙及牙垢，舌头出现菌落而形成白色的舌苔，这些都是发生口臭的"元凶"。若病情恶化，则舌头表面会龟裂、引起疼痛并造成饮食生活不便。

除口腔疾病外，胃功能障碍、贫血、糖尿病、肝脏及肾脏疾病等内科原因也会容易引起口臭。当体内产生臭味物质并流入血液，随血液流向全身，再从肺传至口腔内，除了造成口臭还可能引起体臭。全身性疾病如肺脓肿、支气管扩张、肺结核等可呼出有臭味的气味；胃肠道功能紊乱、胃肠道出血、长期便秘都可引起口臭；糖尿病酮中毒患者呼气有烂水果的气味；尿毒症患者的呼气有氨味；金属铝、汞和有机物中毒时，亦可有异常气味发生。此外，进食过多肉类、精神压力造成神经平衡失调、慢性鼻炎所致用口腔呼吸、药物的副作用、更年期等都可能引起口臭。

预防及改善方法

蛀牙、牙周炎、牙石过多以及干燥综合征都应尽早接受治疗。虽也有人会经常病态性地担心自己有口臭，但如果真的感觉自己有问题，应当首先到医院口腔科检查。经检查后证实口腔内没有问题，却仍有强烈的口臭时，就应该接受内科的检查。其次也应坚持规律刷牙、刷舌苔来保持口腔清洁，还可利用含乳酸菌的保健食品或乳酸菌制剂来抑制牙周病。在与人见面前及饭后可喝些绿茶或黄春菊茶，其中绿茶的儿茶素可以除臭，黄春菊茶则含有类黄酮，可以抗炎。另外还应改善日常饮食，比如唾液少的人可嚼口香糖或较硬的食物。含乳酸菌或双歧杆菌的保健食品可抑制肠道内细菌的异常发酵，能够改善内科疾病引起的口臭。

喝柠檬水。饮清水可令口腔保持湿润，在水中加上一片柠檬，能刺激唾液分泌，减少因鼻塞、口干或口腔内残余食物引起的厌氧细菌造成的口臭。

多吃蔬菜水果。蔬菜含有大量膳食纤维，可帮助消化、防治便秘。蔬菜和水果中含的维生素还可帮助牙龈恢复健康，防止牙龈流血，排除口腔中过多的黏膜分泌物及废物。

口气清新剂可以及时有效地除去口腔中食物代谢物引起的臭味、因轻度鼻窦炎造成的异味和吸烟导致的口臭等。可以先喝几口清水，喷上口气清新剂后闭上嘴数秒钟，便能令口腔保持数小时的清新。

相关保健成分

儿茶素
类黄酮
乳酸菌

 ## 食欲低下

形成原因

人们经常会说"肚子饿了""肚子很饱"，以为食欲的感觉是来自肚子。但事实上控制食欲的是位于大脑下丘脑的进食中枢，即饥饿中枢及饱食中枢。当人体血循环中血糖值下降时，就会接到来自下丘脑的命令，而使人体产生食欲。因此如果因外界压力或抑郁症使人食欲低下，就是进食中枢受到影响。此外还可能是由于胃的问题。老年人可能因为年龄增长而产生胃黏膜萎缩、胃排空功能减弱，或消化液分泌减少等情况使食欲减退。还有胃酸分泌受胃自主神经的支配，所以年轻人也可能因外界压力或极度疲劳，而使自主神经功能失调，最终导致食欲不振。

水盐代谢失调可能使胃液酸度降低。水与电解质的平衡是人体内环境保持相对稳定的重要因素。暑热季节出汗较多，使体内水分、氯化钠、水溶性维生素（主要是维生素B_1、维生素C）的损失过多，可引起水盐代谢平衡紊乱，导致体内酸碱平衡和渗透压失调，加之血液中形成胃酸所必需的氯离子储备减少，致使胃液酸度降低，甚至可引起无胃液症。因口渴而饮进大量的水，也会稀释胃液，这些改变都会使人食欲低下。

体温调节障碍也影响消化功能。人体的热平衡调节是受丘脑下部体温调节中枢控制的。暑热季节气温过高，机体原来依靠对流和辐射的散热方式受到了限制，不得不靠蒸发的方式散热。实际上，人体排出的汗液往往不是完全以蒸发的方式散发，而是形成汗珠滴下，故不能完全起到蒸发散热的作用。特别是在高温、低风速的情况下，流汗更多，有效蒸发率更低，可导致体内蓄热，体温调节发生障碍，容易出现头晕目眩、心悸胸闷、恶心等症状，反馈性地引起食欲减退。

血液重新分配使肠道供血减少。在长时间的高温作用下，由于机体水分丧失，血液浓缩，但是为了散热又要向高度扩张的体表血管网输送大量血液，这种体内血液的重新分配使血液集中于体表，会引起消化道缺血，胃液分泌亦减少，直接影响消化功能。

消化酶活性降低影响胃肠功能。由于体内蓄热和大量出汗，会使唾液分泌减少，胃肠道内各种消化酶的生物活性水平降低，造成消化功能下降。这时如果饮食不洁，很可能给肠道细菌以可乘之机，引起消化道疾患。

如果突然食欲不振或体重持续下降时，应到消化科接受精密检查；若伴有腹痛、呕吐或拉肚子等其他消化器官症状，则可能是胃溃疡等胃肠疾病。如果是年轻女性看来很健康，却十分消瘦，甚至月经也停了，就算当事人无生病的感觉，也应到医院的专科门诊就诊，可能是罹患了畏食症，这时可能在精神方面也需要治疗。

预防及改善方法

没有食欲时，应尽可能选择易消化、高营养的食物，并注意防止发生营养不良，比如热量—蛋白质缺乏或维生素缺乏症的现象。当因为没有食欲以致无法摄取充足营养时，还可选用一些含有身体所需营养素的复合维生素及矿物质的保健食品。在体内，维生素B_1以辅酶形式参与糖的分解代谢，能促进肠胃蠕动，增加食欲。螺旋藻也具有提升食欲的功效。为了帮助餐后良好地消化，可用一些如地衣芽孢杆菌活菌胶囊、乳酶生等促进消化的药物，啤酒酵母也能帮助解决食欲不振等胃肠问题。

要使胃能正常运作，最重要的是消除烦躁的心情，可以借休息或转换心情来放松，也可利用酸梅、山楂等酸味食物来刺激食欲。此外持续做锻炼腹肌的运动或进行按摩也能增加胃部的活动。

相关保健成分

复合维生素及矿物质

啤酒酵母

酸梅

 # 胃痛

形成原因

胃液是pH为2的强酸溶液，因此胃黏膜会分泌一些黏液来保护自己免受胃酸的伤害。但如果胃酸过强，或黏液无法正常分泌，就会使胃黏膜受损而形成慢性或急性胃炎。如果继续恶化就会形成胃溃疡。促使胃酸分泌亢进的原因有暴饮暴食、刺激性食物及过多的酒精；而会让黏液分泌减少的原因则有外界压力及吸烟等。不过有些人的胃痛源于幽门螺杆菌感染，这通常是由于经常性外出进餐（混餐）引起交叉感染，此时需要进行及时的抗菌治疗，并且保持单独进餐来防止复发。

胃部之所以会痛是因为胃酸正在侵蚀胃壁并侵犯了维持胃部功能的神经。不过就算侵蚀得再深，只要侵蚀的因素停止，疼痛也会跟着停止。因此在接受药物治疗的时候，千万不要以疼或不疼来作为判断是否吃药的标准，一定要做到"治必达标"并且尽可能减少诱发的危险因素。如果吃药后仍旧有持续性的胃痛，应该尽早就医，因为目前年轻人患胃癌的比例正在逐年上升，应该保持必要的警惕。

另外，根据胃部疼痛的部位，也有可能是其他内脏器官的疾病：中央部位，餐后疼痛—胃；偏右，餐前疼痛—十二指肠；偏右，餐后疼痛—胆囊；偏左，餐后疼痛—胰脏。这只是一个大致的判断，疾病的真正诊断一定要到医院由专科医生来进行。

有些老年人也可能将心绞痛及心肌梗死等心脏疾病发作时疼痛当成胃痛，应加以注意，以防贻误治疗。

预防及改善方法

由于暴饮暴食、经常性外出进餐、过食刺激性食物、喝酒、吸烟等都会使胃溃疡恶化，所以应尽量避免，而且应该注意缓解外界压力。牛奶及乳制品能保护胃黏膜，应多摄取。芦荟也有抗溃疡的功效。另外，维生素A（β–胡萝卜素）能保持胃黏膜的正常分泌功能，并且可修复溃疡。锌具有抑制伤害胃内壁黏膜物质分泌的功能。补充维生素C可帮助对抗压力，消除形成胃痛的因子，不过由于其属于酸性刺激物，因此空腹时最好不要摄取。另外，空腹时产生的胃痛是由于胃酸太强，若要中和胃酸的话，碳酸镁及小苏打都很有效。

相关保健成分

维生素A（β–胡萝卜素）
维生素C
锌
镁
芦荟
乳制品

 便秘

形成原因

随着都市生活节奏的日益加快，患便秘的人越来越多。所谓便秘一般是指排便次数减少或排便困难。有些人虽然能够保持每天一次排便，但是排便的过程很长也很痛苦，大便干燥成球状，甚至每天腹胀、腹痛，非常痛苦。据说亚洲人的大肠比西方人的大肠长，而且由于目前饮食方式的欧美化，使膳食纤维的摄取量急剧下降，于是便秘成了我们的常见都市病。不恰当的减肥也容易增加便秘的机会。

当大肠受到粪便（团）的刺激时，肠道蠕动就会增加，使粪便容易排出。

当粪便中的纤维质较多时，大肠肠壁就容易受刺激，因此需要多多摄取能增加粪便中纤维质的膳食纤维。每天的繁忙导致饮水太少也是上班族大便干燥的原因之一。

当肠道内一些产气细菌增多时，大肠、小肠的活动度就会降低，因而容易产生气体并引起腹胀。另外有饮食行为障碍（神经性畏食症、贪食症）、容易反复呕吐及腹泻的人，也容易因体内钾的流失而引起低钾性便秘，需要多注意。

长期便秘跟大肠癌的发生有密切关系。如果是10～20年的长期便秘或者急性恶化的便秘以及便秘与腹泻交互发生，就应到医院接受直肠指检或内窥镜检查。而检查后为了增加肠道内益生菌，则需要多服用乳酸菌。

预防及改善方法

要远离便秘，就应养成生活规律、固定排便的习惯。

要多饮水。饮水及饮料可保持肠内粪便中的水分，以利通便。早晨起床时可喝一杯清水或蜂蜜水，会帮助身体建立胃—结肠反射，促进早上定时排便。

饮食上应多摄取膳食纤维，如果从食物中难以摄取，也可利用保健食品进行补充。不过若突然性大量摄取膳食纤维，会延长食物在胃中的停留时间而导致胃胀不适，因此建议慢慢地增量摄取。而同时选择果胶、海藻胶及甘露聚糖等水溶性膳食纤维要比纤维素、木质素等不溶性膳食纤维更容易耐受。可进食琼脂制品，琼脂在肠管内吸收水分，使粪便软滑，有利排出。

多食用含B族维生素丰富的食物，可促进消化液分泌，维持和促进肠管蠕动，有利于排便，如粗粮、酵母、豆类及豆制品。

还可以适当增加脂肪摄入，脂肪润肠，脂肪酸可促进肠蠕动，有利排便。但不宜过多，一般每天总脂肪摄入量为50~60克。

此外为了增加肠内益生菌，可多摄取酸奶等乳酸菌，以及能够帮助乳酸菌生长的寡糖类。应注意不能擅自长期持续使用泻药，因为效果会渐渐减弱，并且损伤肠道的平滑肌功能。当便秘很严重时可考虑询问医生，使用通便的药物或器械进行排便。

借助走路及体操、体外按摩等活动促进肠蠕动也很重要。

相关保健成分

膳食纤维
乳酸菌
寡糖

 ## 腹泻

形成原因

食物是按照胃、小肠、大肠的顺序被运送消化，在消化道中大部分营养成分及水分会被吸收，最后剩下的则成为粪便被排出体外。而这一过程如果出现任何问题，都可能引起腹泻。

腹泻分为急性腹泻及慢性腹泻。急性腹泻往往是因吃辣或油脂太多或睡觉着凉而引起，一般不久就会痊愈。不过如果带有发烧或呕吐等症状，就可能是发生了食物中毒，必须立即到医院治疗。时好时坏、反复腹泻的，就属于慢性腹泻，有多种患病因素。

此外也有便秘及腹泻交替出现的情况。肠易激综合征是一种无器质性病变的功能性肠病，主要分为腹泻型、便秘型和混合型，其中混合型患者就是这种腹泻与便秘交替发生的情况。

此外，溃疡性结肠炎等慢性肠道炎症也容易产生腹泻，通常同时伴有腹痛，并会排出混有血的黏液。而有些人在空腹摄取过多的牛奶及人工甜味剂（木糖醇等）后也可能引起腹泻，这是乳糖不耐症的表现。当出现腹泻或便秘，并伴随腹痛、排出血丝时，就应到医院进行内窥镜的检查，并于检查后2周内多吃一些含乳酸菌的食物。

预防及改善方法

保持肠内健康是预防慢性腹泻最好的方法。最近采用"益生菌"很流行，它是以增加肠内益生菌、抑制不良细菌繁殖的方法来维持健康，并不依赖抗生素等药物，是辅助医疗的有效方式。同时还可以吃一些含乳酸菌的食物，以及能帮助乳酸菌生长的寡糖来预防并改善腹泻，同时对预防便秘也很有效，特别是在疾病后的恢复期。不过摄取过多的寡糖也容易发生腹泻，因此应视情况摄取。需注意，牛奶、减肥食品、咖啡等含咖啡因的食品以及啤酒都容易引起腹泻，不要过量摄取。

相关保健成分

乳酸菌

寡糖

 尿频

形成原因

白天上厕所的时间间隔变短，或者睡至半夜因感到尿意而多次被迫醒来等都是"尿次增多"，如果是因为大量摄取过多的水分而引起的暂时性问题，则无大碍。但如果每天都有同样情况，就是"尿频"，可能是因某种疾病所致，需要谨慎处理。

男性从50岁左右，会开始出现排尿障碍，比如在夜里频频跑厕所，或者尿液无法一次性排完、尿无力或者总是感觉有残尿等，这往往是因年龄增加而产生的前列腺肥大或增生，压迫到尿道的情况。

女性最常见的尿频原因是泌尿系感染。一般同时伴有排尿痛、尿液混浊、有残尿感等症状。女性比男性更容易罹患泌尿系感染，是因为女性的尿道比男性短，肛门与尿道口的位置较近，更容易被细菌入侵，也与性生活及衣原体感染等有关，还有经常性不自觉地憋尿也是原因之一。此外，子宫肌瘤等疾病的压迫也会引起尿频症状，最好能及时接受检查。更年期后因雌激素分泌不足，膀胱就容易萎缩，而更容易引起生理性尿频，并且容易引起泌尿系感染。

此外，不论男女都可能因为糖尿病及肾功能不全等疾病引起尿频。因此不论什么原因，只要是由于疾病引发的尿频，就需要尽早接受治疗。

预防及改善方法

若是因为前列腺肥大所引起的排尿问题，除了正规药物治疗外，还可以使用锯棕榈的保健食品来改善，不过只能适用于尿频等初期症状。如果症状已经恶化且无法顺利排尿，就应接受专业医生的治疗。紫锥花等草本植物及蜂胶则能增强免疫力、抵抗炎症。如果是因为虚寒证或紧张而造成血液循环不良，则应暖和身体并让自己放轻松。营养方面可摄取能促进血液循环的维生素E。山芋在中医学中被用于缓解尿频的症状，不妨试试看。

相关保健成分

维生素E
紫锥花
蜂胶
锯棕榈

 ## 肩膀酸痛

形成原因

长时间坐在办公桌前工作的人，为支撑沉重的头部，颈部及肩部的肌肉会处于持续紧张的状态，长时间容易引起僵硬而形成肩膀酸痛。肌肉如果处于紧张及放松的交替状态，能够保持工作与休息状态，而使血流顺畅。但如果肩膀肌肉一直持续处于紧张状态，就会使血流不顺，因而蓄积过多的乳酸等疲劳物质。此外过度运动和紧张状态也容易蓄积疲劳物质，导致肩膀酸痛。还有的是因为睡姿不良而使颈椎及胸椎移位造成的疼痛，或者因为内脏疾病、血压异常或沉重的压力带来肩膀酸痛。

如果肩部肌肉长时间地处于紧张状态，或者因过度运动引起的短暂性肩膀酸痛，则不需要过分担心。但若是严重的肩部酸痛或带有全身不适等全身性症状，就要加以注意。此外还应当鉴别一些疾病性疼痛。比如从心窝、肋骨下方到背部、右肩疼痛，或是背部、肩胛骨下方有压迫性疼痛时，则可能是胆囊炎或胆结石症，应立刻找内科医生诊断。而当胸口有像被压住的疼痛感，并且延伸到右肩及右腕时，则可能罹患心绞痛及心肌梗死。如果转动脖子时，疼痛会蔓延到肩部或手腕，则可能是颈部椎间盘突出；而当颈部后方到背部疼痛，且手指发麻，则有可能是颈椎病。总之，如果肩膀酸痛经休息后一直无法改善，或者扩散到肩膀外的部分，最好尽早到医院检查。

提醒女性朋友，穿着高跟鞋也会造成肩膀酸痛，穿久了还可能患上慢性颈肩痛。脚被称为第二心脏，对全身的血液循环有重要的作用。从心脏泵出的血液通过走路等足部运动又回流到心脏。如果脚上穿了一双窄小得连走路都会引发疼痛的鞋子，就会导致足部受压、血液循环不良，最终影响上半身的血液循环，成为肩膀酸痛的原因。高跟鞋鞋跟高度在2～3厘米最为适宜。过高则使人体重心过分前倾，身体的重量过多地移到前脚掌，使脚趾受挤压影响全身血液循环，行走时会改变正常体态，腰部过分挺直，臀部凸出，还会加大骨盆的前倾度，当歪曲发展到颈椎时，就会发生肩部、颈部酸痛等症状。

预防及改善方法

要预防肩膀酸痛，就要经常做肩部及颈部的运动，让血液循环顺畅。及时地变换体位，做抬头和低头的运动也能够起到预防作用。而过度运动引起的酸痛，最好的方法就是让肌肉休息，或利用泡澡、按摩等帮助放松僵硬的肌肉、促进血液循环。此外，维生素B_1是体内葡萄糖转换成热量必不可少的原料，不足时也会造成疲劳物质囤积；维生素E及银杏叶萃取物则能使血流顺畅，以上保健物质都可以适量摄取。

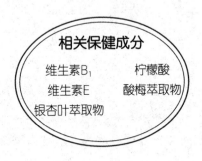

相关保健成分

维生素B_1	柠檬酸
维生素E	酸梅萃取物
银杏叶萃取物	

 **腰痛**

形成原因

几乎所有人都曾经体会过腰痛的感觉，而目前医学上还无法确定腰痛的确切原因，因此大多统称为"腰痛症"。病因明确的腰痛，可能是位于椎骨间担任缓冲作用的椎间盘因某种原因突出而压迫到神经，并引起炎症，造成椎间盘突出引起腰痛。也可能因为椎间盘、椎间盘周围的组织及固定脊椎的韧带等老化，使弹力消失，而磨损脊椎导致变形造成"脊椎变形症"。还有老年性骨质疏松症引起的压缩性骨折，腰部肌肉及筋膜发炎引起的腰部肌肉筋膜症，以及因老化引起的腰椎管狭窄症等，都可凭借医院的检查、X光及MRI（磁共振）被诊断出来。

腰部敏感、疼痛和硬化可能扩散到臀部或腿部的疼痛，长时间直立或长时间以一种姿势站立时感到不适，坐时也感到不适，走路时感到无力和腿部疲劳。

运动过量及坐立姿势不良也会引起腰痛，所以小孩子也有可能发生腰痛，并且如果年轻时常腰部受伤或者曾有急性腰痛的经验，就算表面上治好了，但随着年龄的增长、骨质成分减少时，仍有可能变成慢性腰痛而再度复发。此外腰部疼痛也可能与一些妇科疾病、泌尿道结石、腹部大动脉肿瘤等内脏疾病有关联，如果有断断续续或持续性疼痛，或伴随有发烧现象时应尽快就医。

预防及改善方法

预防腰痛最好的方法就是要停止继续折磨支撑身体的脊椎，并供给支撑脊椎的肌肉及韧带足够的养分，让血液循环通畅，并通过适度的运动来强化肌肉、减轻脊椎负担。由于人体脊椎是支撑整个身体的重心，因此须注意控制体重，避免因过重的体重引起疾病或引起疾病的恶化。

中医学认为，腰背疼痛多由肾虚或肝肾两虚所致，当以祛邪扶正，补肾阳，滋肾阴，如运用金匮肾气丸、六味地黄丸等药物治疗。此外，中医运用长夏之阳治春冬阴寒的原理实行的"贴敷疗法，冬病夏治"，治疗因风湿引起的腰痛有较好的效果。中医针灸疗法也可有效缓解和治疗腰痛。

此外，脊椎本身疾病，如结核、肿瘤、化脓性感染等也是引起腰疼的原因之一，这类患者就不能单纯用上述方法治疗。因此，治疗前的检查诊断是十分必要的，明确诊断，对症施治，效果才好。腰痛患者还要注重平时的保养，在工作时尽可能变换姿势，注意纠正习惯性姿势不良，用宽皮带束腰，睡硬板床，注意腰部保暖，同时适当加强腰部肌肉锻炼。

软骨素及胶原蛋白是支撑骨骼与骨骼间组织的成分，因此必须多摄取能促进人体对软骨素及葡萄糖胺吸收的维生素C和骨骼生长所需要的钙质，还有能够有助于吸收钙质的维生素D、能防止软骨老化并帮助变形软骨再生的葡萄糖胺等，也可以利用保健食品补充所需要的多种营养成分。同时应多补充负责组成肌肉的优质蛋白质。

相关保健成分

钙	葡萄糖胺
维生素D	胶原蛋白
软骨素	蛋白质

视疲劳

形成原因

眼球周围有无数毛细血管可为眼睛提供充足的营养及氧气，而当眼球使用过度时毛细血管的血流量就会变差，医学上称为"视疲劳"。此时眼睛会肿胀、充血以及视力模糊等，还可能出现肩膀酸痛、头痛，甚至引发注意力减退及全身疲劳等症状。

现代人大多数都长时间且过度地使用眼睛，而光线很差的照明、空调房间干燥的空气、长时间注视电脑及电视、度数不合适的眼镜、长时间戴隐形眼镜、过强的紫外线、香烟及汽车废气等空气污染、外界压力等，都会造成视疲劳。在因视疲劳而就医的人中有60%是干眼症，即因为泪水分泌减少而使眼球表面形成干燥的状态。长时间凝视电脑时，眨眼次数减少，泪液分泌就会减少，再加上办公室空气干燥，会使眼球表面更干燥。干眼症初期没有自觉症状，更容易不知不觉使病情恶化。所以当眼皮沉重、频点眼药水、无故流泪、眼睛感觉有异物、在有热气的地方眼睛会觉得舒服时，也许就是换上了干眼症，应及时到医院检查。

预防及改善方法

可以采取以下几种方式：调整室内光线；每使用电脑1小时就休息10分钟；经常眺望远方让眼睛休息；按摩眼部周围；紫外线强烈时戴太阳镜等，都能减轻眼睛负担。眼药水应选择无添加防腐剂的。

保健食品中的蓝莓、野生山桑子中，其色素成分的花青素能改善眼睛疲劳、减轻视力模糊、视野变窄和视力减弱等症状；维生素A是形成视网膜的蛋白质—视紫质的成分；B族维生素可促进视神经的功能；能抗氧化的叶黄素是黄绿色蔬菜中的一种类胡萝卜素，不仅对眼睛疲劳有效，对刚形成的黄斑性病变、青光眼、白内障也有一定作用。

相关保健成分

蓝莓（山桑子）
维生素A
B族维生素
叶黄素

 **贫血**

形成原因

贫血是各种原因引起的血红蛋白或红细胞减少的状态。最常见的是因缺乏铁质所引起，特别是有月经周期的年轻女性，称为缺铁性贫血。另外，维生素B_{12}和叶酸缺乏也会导致贫血，这种由于营养物质缺乏所引起的贫血叫作"营养性贫血"。

人体内铁质的60%～70%会用来构成血红蛋白，存在于红细胞内。而血红蛋白会将氧送到全身，如果铁质摄入不足，红细胞就无法充分发挥其运输的作用。此外，体内铁质的20%～30%会储存于肝脏和脾脏等器官内。当人体贫血时这些储藏的铁质会被释放出来补充不足。然而当这些储存的铁质也消耗殆尽时，就会罹患铁缺乏症，而出现容易疲惫、头痛、站起时晕眩及口唇颜色异常等症状。

缺乏维生素B$_{12}$会引起恶性贫血，当摄入不足时会造成红细胞形成及再生功能障碍。维生素B$_{12}$在体内有贮备，通常摄入缺乏3~5年后才会出现症状，可表现为疲倦、食欲不振、手脚发麻及丧失感觉等神经症状。

缺乏叶酸也会引起贫血，叶酸是合成DNA时所需的维生素，缺乏时会引起巨红细胞性贫血等疾病。

预防及改善方法

多摄取富含"动物性铁质（血红素铁）"的鱼和肉类能有效预防铁质缺乏。相比与菠菜、柿子椒等含有的"植物性铁质（非血红素铁）"，人体对动物性铁质的吸收率更高，可以达到20%的吸收率。铁质跟维生素C、维生素B$_6$及蛋白质、铜、柠檬酸等一起摄取时吸收率更高。如果短期摄取过量的铁质可能会出现铁过多症，因此应避免简单大量摄取，可以利用复合维生素加铁或复合矿物质的形式补充。而咖啡及绿茶内的鞣酸及加工食品里的磷酸等会阻碍铁质吸收，应控制不要摄取太多。如果想增加红细胞的数量，则须补充造血用的维生素B$_{12}$及叶酸。

相关保健成分

铁（动物性铁质）

维生素B$_{12}$

叶酸

蛋白质

 浮肿

形成原因

人体内的水分平均分布于细胞内、血液中以及细胞间隙内，能够将营养成分及氧气送到体内，并排出代谢废物等。如果因为某些原因而使体内水分的分布失衡，就会使细胞间隙内囤积多余的水分，而造成一些组织松软的部位产生浮肿。

浮肿分有全身性浮肿和局部性浮肿。全身性浮肿多是因为心功能不全等心脏疾病引起全身血液循环功能减弱、肾小球肾炎、肾病综合征等肾脏疾病造成水分排出障碍及肝硬化等疾病造成血中白蛋白减少所导致。甲状腺功能异常、贫血等也可引起浮肿。另外，妊娠中毒症（妊娠期高血压）也是会引起全身性浮肿的疾病之一。而局部性浮肿则是由于血管及骨盆内一些疾病压迫下肢血管所引起的。

女性比男性更容易浮肿。这是因为女性体内的肌肉较少、血管较细，从下肢将血液运送回心脏的能力较弱。也有人在月经来临之前会表现浮肿，这是因为从排卵到月经来到之间的黄体期，体内会受黄体酮激素的影响而容易蓄积水分。还有在更年期出现浮肿的人以及不少女性罹患原因不明的特发性浮肿，这些人往往睡了一夜症状就消失，其浮肿是暂时性的。但如果浮肿的情形持续一周以上，并出现尿量减少、血尿以及体重直线上升等情况，则有可能已经患病，应尽早就医。

预防及改善方法

极度减肥、蛋白质摄取不足、过量摄取盐分（口味太咸）等都容易引起浮肿，所以应重新检查自己的饮食生活。锻炼筋骨、散步、游泳等运动都能促进血液及淋巴的流通。停止过度的空调或暖气生活，让体温调节功能正常化。脚部按摩及半身浴也能促进血液流通。外界的压力及疲劳则会使浮肿恶化，应保持充分的休息。

钾能排出多余水分，因此可以多摄取香蕉、猕猴桃、苹果等富含钾的水果；茴香、冬瓜、绿豆、黑鱼等可以利尿；豆科草本植物—黄香草苜蓿能改善静脉循环；辅酶Q_{10}能提高心脏功能、改善血液循环。

相关保健成分

钾
黄香草苜蓿
辅酶Q_{10}
茴香

 ## 脱发

形成原因

人体的头发由头皮的毛母细胞制造，寿命为4～7年。正常的头发会每天持续生长，一个月大约长1.2厘米，并且就算停止生长，头发也不会立即掉落。而在停止生长到脱发前，人体会进行制造新头发的准备，因此当旧发脱落后，新发就会开始生长。不过也可能因某种原因而使脱发后新发不再生长。

脱发的原因众说纷纭，最有力的说法是由于雄激素睾酮分泌过多，加上5α-还原酶的介入所引起。在毛发生长的毛囊中，有能分泌保护皮肤表面皮脂的皮脂腺。而当5α-还原酶大量存在于皮脂腺内时，就会让睾酮与氢结合而生成双氢睾酮，后者会伤害到毛母细胞，阻碍新发生出。如果头皮没有保持清洁，则分泌的皮脂会阻塞毛囊，使负责将营养送往毛发的毛细血管血流不畅，造成毛发容易掉落。

圆形脱毛症，俗称"鬼剃头"，并不是毛发寿命到了，而是因为头发的毛根部被破坏而脱落，其脱发部分多呈1元钱大小的圆形。开始时只有一处脱发，而渐渐变成多处，最后扩散至整个头皮，甚至到眉毛、睫毛及体毛等头发以外的部分，变为泛发型（亦称恶性圆形脱毛症）。圆形脱毛症的原因目前尚未明了，一般多认为与压力过大、自主神经失调症、甲状腺等激素分泌和作用异常以及自身免疫异常等造成。

预防及改善方法

由于头发是由皮肤的角质分化生长而来，所以要预防脱发一定要保持头发的清洁健康。要让负责将营养送往毛发的毛细血管血流通畅，可以摄取维生素E及银杏叶萃取物。想促进毛发生长则必须补充成为毛发原料的氮化合物及蛋白质。而头发的发育与锌、铁、生物素、叶酸等营养素有关，因此应多摄取复合维生素及矿物质。

相关保健成分

维生素E

锌

银杏叶萃取物

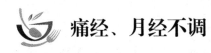

痛经、月经不调

形成原因

月经是从卵巢内培育"卵泡"开始，大脑中的垂体分泌卵泡激素，接着成熟的卵子会从卵泡内分裂，进入"排卵期"。排卵后卵泡会变成"黄体"，再分泌黄体酮，并调整子宫内膜，做好受精卵着床及怀孕的准备。而在此期间如果没有受精，子宫内膜就会失去作用、继而剥落，并随血液排出而形成月经。当子宫收缩将血液挤出体外时，因为收缩造成的疼痛即为痛经。

月经周期（月经第一天到下次月经前一天）一般是25～35天。但也有人每次排卵日期和月经时间都不同。如果超过38天以上才有1次月经或者每个月都有2～3次不规则周期，即为月经不调。月经不调会造成雌激素分泌减少，大脑也可能会停止促性腺激素的分泌。人体对雌激素分泌的控制很敏感，很容易受外界压力、环境变化、过寒过冷、减肥等影响而造成痛经。但是有些女性同时患有子宫内膜异位症或子宫肌瘤，常常表现为月经期剧痛或月经过多；还有人持续3个月以上都没有月经属于"继发性无月经"，都应当尽早到妇科接受检查及激素治疗。

月经不调是周期、行经期以及月经的量、色、质异常改变的病症，它包括月经先期、后期、先后不定期、经期延长、月经过多、过少等病种。根据月经不调的形成原因，化验室检查应观察血液中的血常规，出、凝血时间、血小板计数、纤维蛋白原测定，血内分泌，甲状腺素以及甲皱微循环，血液流变学等，并进行治疗前后的对照比较，判断疗效。如果有条件时还可进行阴道脱落细胞学检查、子宫内膜组织学检查等。

预防及改善方法

当出现疼痛或异常现象时应尽早到妇科检查。首先应检查有无器质性疾病。其次检查激素分泌是否正常，有问题则应接受治疗。

若没有发现异常而仍有痛经或月经不调，则建议应改善饮食及生活习惯，食物中的铁、铜、锌、维生素E能促进血液循环。维生素E还能调节前列腺素的代谢，前列腺素与调节月经周期及子宫收缩有关，大豆也有同样功效。如果要改善激素分泌，大豆异黄酮、维生素B_6、钙、人参等都有作用。要缓解痛经则可多选用一些镇痛效果好的升麻、月见草油（γ-亚麻酸）。

相关保健成分

维生素E

维生素B_6

异黄酮

月见草油（γ-亚麻酸）

性功能减退

形成原因

男性到了中、老年期，很多人都会有性功能减退的症状。原因是雄激素—睾酮的分泌愈来愈少所致。女性在停经后，雌激素的分泌也会急速下降，因而引发更年期综合征。男性虽然症状比较缓和，但也会出现相关症状。

正常性生活应该在愉悦和欢欣的心理状态下进行。如果长期存在心理障碍和诸多不良因素影响，即可导致性欲减退。如对过去手淫史有犯罪感，或对生活悲观失望，以及事业屡屡受挫、人际关系紧张、家庭不幸等造成心情抑郁、悲愤难平等，均可导致性欲减退。其次，如长期从事繁重劳动，特别是脑力劳动也会造成性欲减退。

如患有泌尿生殖系统疾病，在性生活时出现不适反应，也会抑制性欲望，例如慢性前列腺炎、附睾炎、尿道炎等。其他如内分泌疾病、各种全身性慢性疾病等，亦可因雄激素分泌过少或代谢紊乱而影响性欲。

长期服用某些药物也可造成性欲低下。常见的如镇静剂和安眠剂，地西泮、氯氮䓬、巴比妥、甲喹酮；抗组胺药物苯海拉明、氯苯那敏；抗胃痉挛药阿托品、溴丙胺太林、消旋山莨菪碱；治疗胃、十二指肠溃疡药物西咪替丁；抗高血压药物利血平等。

长期嗜酒成癖导致的慢性酒精中毒，长期大量吸烟导致的慢性尼古丁中毒，以及吸毒（大麻叶、鸦片、海洛因等）者也可造成性欲减退。

长期性欲减退不但影响夫妻感情，往往也是身体及精神状况不良的具体反映，所以应引起足够的重视，及时进行身体健康检查，发现问题及时解决。已婚夫妇随着年龄的增长，性欲要求较之从前逐渐有所下降，为生理发展的必然趋势，一般不认为是病态。

在性功能减退的同时，如果伴有慵懒、疲累、口渴、体重减轻、阳痿等症状，则可能是与糖尿病有关。糖尿病是因为能促进血液中葡萄糖进入细胞内的胰岛素分泌不足而引起的。当细胞得不到充分能量时，除了会出现无力感、疲惫及慵懒外，还可能引起神经障碍、运动障碍、知觉神经障碍及自主神经障碍等。而阳痿也是起因于这种自主神经障碍。

预防及改善方法

要提高雄激素睾酮的分泌量，可试试选用维生素E。因为其具有抗氧化功效，能减缓细胞老化，因此被称为"返老还童的维生素"。锌能够激活性激素的产生及性腺功能。硒则是精子的原料，也能提升精子活动力。另外，L-精氨酸也能增加精子数量，还能借着血管扩张作用让全身（包括阴茎）的血流通畅，对因血液循环不畅而引起的勃起障碍很有帮助，可以善加利用。在草本植物方面，淫羊藿可增加睾酮的分泌。

相关保健成分

维生素E

锌

硒

L-精氨酸

过量的烟酒及咖啡因等都是造成性功能减退的原因，因此借改善饮食及适度运动来调整身体的状况，是最基本的方法。

疲倦

形成原因

疲倦是现代人越来越常见的一种生存状态，在我们的周围，随处可见垂头丧气的儿童、萎靡不振的青年、疲惫至极的中年人、落落寡欢的老者，很多人已见怪不怪，以为疲倦是很正常的状态。其实，疲倦是很多疾病的前驱症状。对突如其来的十分疲累困倦的感觉，要立即去看医生，并检查一下有没有并发下列各项症状或原因。

人体产生疲劳感的原因之一是所谓易疲劳物质的堆积，比如肌肉中的乳酸及氨等，会让体液偏酸性，使能量的来源腺苷三磷酸不能充分发挥作用。第二种原因是神经系统疲劳，要消除神经系统疲劳，这就需要充足的睡眠。许多容易疲劳的人就是因为睡眠不足导致。此外缺铁性贫血也可能会产生疲劳感。

若充分休息后仍感觉疲劳，就可能是由于营养不充足或者已经生病了。如果除了身体倦怠，还伴有发热、肌肉或关节酸痛、食欲不振、体重减轻等症状，最好到医院检查一下，因为疲劳和倦怠也可能是由于恶性肿瘤、结缔组织病、病毒或细菌引起的感染性疾病、肝脏及肾脏功能异常、内分泌系统异常等引起。

由精神问题引起身体倦怠的情况也很多。如常感食欲不振、头痛、肩膀酸痛、腰痛等，但是去医院检查却查不出异常。这种原因不明却长期觉得疲倦的情形，就是慢性疲劳综合征。在女性经前或更年期也很常见，与激素分泌情况密切相关。

另外，心理性疲倦主要有以下几方面原因：对事物缺乏足够的认识，缺乏兴趣；情绪低落；长期从事重复、单调的活动而产生心理饱和。从根本上讲，心理疲倦的产生是由于大脑皮层受抑制的缘故。

预防及改善方法

B族维生素能促进能量产生及消除累积的疲劳，因为它们本身能相互影响并促进物质代谢，所以改善疲劳的效果很好。而镁也跟B族维生素一样，与糖类及脂质的代谢、蛋白质及DNA的合成有关，还能加深睡眠。因此如果是因为外界压力而积累疲劳时，B族维生素和镁的组合是最有效的。

大蒜萃取物能提高维生素B_1的功效，而且含有能帮助消除疲劳的成分；人参能促进血液循环及提高胃肠功能，这些都可提高机体对抗压力的能力并协助改善体质。若因为过多的压力而使体内过氧化物增加，也可以利用维生素E、维生素C及辅酶Q_{10}来改善。如果因为经前综合征或更年期综合征而感到疲倦及不适，服用月见草油可有效改善。

消除心理性疲倦必须维持大脑神经的兴奋。首先，要明确活动的目的，培养活动的兴趣，缺乏奋斗目标易使人萎靡不振。其次，要使活动多样化，丰富多彩的活动，可保持大脑皮层的兴奋，推迟或克服疲乏感。

相关保健成分

B族维生素
镁
大蒜萃取物
人参
辅酶Q_{10}
月见草油
（γ-亚麻酸）

 失眠

形成原因

人体在正常活动时，交感神经发挥主要作用，而进入睡眠状态后，则是副交感神经发挥主要作用。正常人体内这两种神经交互作用，互相补偿，维持着人体的正常昼夜交替。而当这两种神经系统无法正常交替时，就容易产生失眠。经过调查，失眠的人中有60%是因为难以入睡而确定为失眠，其实这与临床上定义的"失眠"还不尽相同，被称为是"精神生理性失眠"，多发生于生活工作紧张或是比较神经质的人，大多数不必过分担心。

　　一般失眠的人只要没有强烈疲劳感或严重影响日常工作，就不需太过担心。但如果因失眠而极度疲劳，或怀疑本身有精神障碍，就需要接受医生检查治疗。如果每天难以入睡，而且一早就醒来，再加上食欲不振、心情低落等长期持续（14天以上）就可能发生抑郁症。当一觉或半夜醒来后就无法入睡，大脑中浮想联翩，而且出现头痛、头晕、肩膀酸痛及心悸等症状，情绪紧张和易怒，则可能发生躁郁症。在老年人中也有因高血压或动脉粥样硬化、脑血管疾病等内科系统疾病而失眠的情况。

　　此外，睡眠时打鼾严重的人也容易导致失眠，尤其是体重偏胖的人。此时应该去医院检查是否患上呼吸睡眠暂停综合征。严重的可能导致患者因睡眠中呼吸断断续续地停止而被迫多次醒来。

预防及改善方法

　　要改善失眠，应当尽可能在睡觉前不要饱餐，尽可能不喝含咖啡因的咖啡或者浓茶，不要吸烟，这些都可能造成交感神经兴奋。适当运动及泡澡都能促进血液循环，而放松紧张或兴奋的神经活动。白天应该多活动身体、起床时晒晒太阳、重新安排生活节奏等。想缓解焦躁及压力，则可用维生素B_6及镁制剂来帮助神经的安定。维生素B_{12}能调整睡眠及睡醒的规律，睡前喝一杯牛奶也有安神的作用。

　　人体大脑后方的松果体所分泌的褪黑激素能够帮助人体控制睡眠与清醒。人到中年后可能会因其分泌不足而容易造成失眠，此时可以考虑用保健食品来补给，但是40岁以下的人如果经常服用，可能对免疫系统会有不良影响，并且其长期应用的安全性仍需考虑。另外可以

相关保健成分

维生素B_6
维生素B_{12}
镁
褪黑激素

考虑应用5-羟色胺来改善。

 ## 焦虑

形成原因

最近新闻媒体上经常报道由于焦虑而因一点小事就变成暴力伤害的事件。由于经济压力、社会竞争、人际关系及电子产品带来的科技压力等，现代社会充满让人焦虑的因素。有人会巧妙地将压力转向有利的一方面。但如果造成身心俱疲或使身体状况变糟的过量压力，就会成为影响健康的大问题。当我们感到压力时，体内的自主神经系统、内分泌系统及免疫系统功能会启动工作，来尽可能保护身心。但如果长期处于过度压力下，这些平衡就会被打破，造成自主神经及激素分泌失调而降低免疫力，还可能导致胃溃疡等内脏的疾病、血糖及血压升高，还有失眠、心悸、疲劳、容易感冒等症状。

使用或滥用某些抗精神病药后出现紧张、烦躁、不安，或停用某种药物后导致急性焦虑发作应去医院诊治，可能是药源性焦虑，根据病史中的用药情况，请查阅可能有关的药物。

急性焦虑发作：又称惊恐症，起病突然，患者突感不明原因的惊慌、恐惧、紧张不安，濒死感、窒息感、失去自控感、不真实感或大难临头感，并伴有心悸、呼吸困难、胸闷、胸痛、压迫感、喉部堵塞感、头昏、头晕或失去平衡感、手脚发麻或肢体异常感、阵阵发冷发热之感、出汗、晕厥、颤抖或晃动等症状。

广泛性焦虑症：精神性焦虑，如无明确对象的游移不定的广泛性紧张不安、焦虑、烦躁，经常提心吊胆，有不安的预感，高度的警觉状态、容易激怒；躯体性焦虑，包括运动性紧张和交感神经功能亢进。自主神经功能亢进、心血管系统症状均属焦虑症最常见的症状之列，如心悸、心慌、胸闷、面色苍白或充血等。

预防及改善方法

焦虑时可利用分段休息及转换心情等方式来减轻压力。因为外界压力会让

身体和大脑都感到疲惫，所以补充足够的营养非常重要。缓解大脑的疲劳可以利用能促进脑部神经细胞再生的磷脂酰丝氨酸来改善，如果配合能促进脑部血液循环的银杏叶萃取物效果可能更佳。B族维生素能保持神经功能正常，其中维生素B_1是葡萄糖代谢时必不可缺的，葡萄糖是大脑的唯一能量来源，缺乏时人可能会有容易生气或注意力不集中等难以控制的状态。而且如果糖类无法完全氧化分解，乳酸就容易蓄积在体内，使人产生疲倦的感觉。

维生素C能有效去除因外界压力产生的过氧化物，而且在持续压力下会被大量消耗，因此需要进行补充。也可以同时摄取能抗氧化的维生素A（β-胡萝卜素）及维生素E。蛋白质是能对抗压力的激素及神经传导介质的原料。钙与镁的组合可能对消除焦躁的情绪有效。绿茶成分的茶氨酸也有使人放松的效果，可多摄取一些。

相关保健成分

维生素C	蛋白质
维生素E	钙
B族维生素	镁
维生素A	磷脂酰丝氨酸
（β-胡萝卜素）	

 ## 心情沮丧

形成原因

当身心持续承受外界压力时，容易陷入轻微忧郁的状态，使人变得没有活力、没有热情、不想见人、失眠，或因此而食欲不振、体重减轻。而一般认为抑郁症的发生与5-羟色胺及肾上腺素等大脑神经递质的减弱有关。

烦恼较易产生的时期多是青春期和工作、家庭责任重的中年期，此时尤其容易患抑郁症，还有很多60岁以上的老年人患抑郁症。女性因受体内激素变化的影响，比男性更容易陷入忧郁状态，其抑郁症的发病率是男性的2倍，特别是伴随经前综合征、怀孕、产后及更年期的患者更多。

轻度忧郁会出现疲劳、头痛、头晕、肩膀酸痛等不适，像沮丧、忧郁等抑郁症特有的症状并不明显，所以很多人不知道自己有轻度忧郁。因此如果身体出现不适，加上做什么事情都提不起劲的情形持续2周以上，也许就已经处于轻度抑郁，应到医院接受神经内科的诊断和治疗。

心情沮丧患者与其他心脏病发作患者相比，在1年之内由于心脏问题而需要住院治疗的可能性要高50%，死于心衰或者其他心脏相关性疾病的可能性要高3倍。尽管在医院内没有时间对心脏病发作患者进行全面的心理状态评估，但是对心情沮丧状况进行评估十分重要，因为这将会影响患者生活质量和将来的治疗。

预防及改善方法

治疗抑郁症目前常用能增强5-羟色胺作用的抗忧郁药。而女性因考虑到体内激素的变化，所以常合并使用抗抑郁药及激素治疗。当出现症状时，不要自己判断，应尽早接受医生诊断与治疗。若不想吃药，也可试试跟抗抑郁药有相似效果的保健食品，但是在应用前先咨询医生或药剂师。

心情沮丧时应充分休养，可利用运动或旅行等转换心情，或用精油或泡澡来放松。若因食欲不振造成营养不足，也可利用复合维生素及矿物质补充，并多摄取能帮助大脑功能正常的B族维生素；维生素B_6对经前抑郁症状有改善效果；还可多摄取DHA、EPA、卵磷脂及银杏叶萃取物维持脑部健康。

相关保健成分

B族维生素
卵磷脂
DHA、EPA

专家说，笑和做有氧运动差不多，但笑可使我们远离由运动带来的伤痛和肌肉紧张等不良影响。每天要笑15分钟，这样会对身体健康有好处。

保健营养物质
完全档案

第五章

作为人体基础成分及结构

帮助新陈代谢，增强免疫功能

对身体的益处

核酸是细胞内负责细胞分裂及生长的重要成分，有携带遗传信息的DNA以及根据遗传信息制造蛋白质的RNA两大类，由于体内的细胞经常会新陈代谢，所以会不断消耗大量核酸。

核酸可以在肝脏中制造，或利用食物中的核酸合成来进行补充。但随着年龄增加，体内核酸合成的功能会衰退，因此应该增加从食物中补给。当核酸缺乏时，新陈代谢会无法顺畅进行，而造成人体老化。人体中皮肤、毛发及生殖器官的新陈代谢最为频繁，往往消耗许多核酸，因此补给核酸能保持皮肤弹性及乌黑的秀发。核酸充足可促进皮肤基底层细胞的分裂，加速创伤的愈合，防止瘢痕的产生。

净化血液，防止血清中胆固醇的增加，降低动脉硬化的可能性主要是通过核酸影响脂肪代谢来实现的。研究发现核酸可增加血液中单不饱和脂肪酸的含量，增加血清高密度脂蛋白的水平，降低胆固醇总量。

相关病症

衰老
动脉粥样硬化

摄取方法

人体可以通过摄入其他营养素来自行合成核酸，也可以从鱼子、贝类、动物内脏、瘦肉、酵母、豆制品、蘑菇等富含核酸的食物中摄取，还可以通过保健食品来补充核酸。但有报告显示有高尿酸血症或痛风症状的人，摄取这类食品会导致病情恶化，因此为预防痛风发作应避免摄取含有大量核酸的食品及保健食品。另外，如果同时摄取维生素E及能量代谢必需的B族维生素，可发挥核酸更佳的效果。

氨基酸

构成人体及生命活动的必要成分

对身体的益处

蛋白质不仅是构成人体一切组织的主要成分，而且与人体的生命活动密切相关，如调节生理功能的激素、参加营养代谢的酶、运载氧气的血红蛋白、抵抗疾病的抗体等。而蛋白质是由大约20种氨基酸构成，其中，亮氨酸、异亮氨酸、赖氨酸、苯丙氨酸、蛋氨酸、苏氨酸、缬氨酸、色氨酸这8种是必需氨基酸，它们无法在人体内合成，而必须从食物中摄取补充。

赖氨酸、丙氨酸、脯氨酸、精氨酸等进入人体后，能活化酯酶，使脂肪逐渐转化为游离脂肪酸，再通过血液运送到组织中燃烧产生热量，可得脂肪不会过多堆积在体内，称为燃烧型氨基酸。

亮氨酸、缬氨酸、异亮氨酸统称为支链氨基酸，能加强肌肉力量并有助于消除疲劳。同时，因为支链氨基酸是构成肌肉的肌动蛋白、肌球蛋白等蛋白质的主要成分，因此，运动前后摄取可维持体力，防止肌肉酸痛。

还有营养脑细胞的氨基酸，大脑细胞会因年龄增大而逐渐衰退，记忆力也会下降，缬氨酸、亮氨酸、异亮氨酸、精氨酸、谷氨酰胺及丝氨酸等都可以减缓脑细胞衰退速度，强化大脑细胞。

摄取方法

　　各种蛋白质食物都富含氨基酸，我们摄入蛋白质食物后在体内经消化之后分解得到氨基酸。当必需氨基酸的某一种摄取不足时，其他氨基酸也只能发挥最小功能，因此平衡摄取很重要。偏食或减肥就可能导致某种单一氨基酸的缺乏，必需引起注意。

相关病症

疲劳

肌肉酸痛

脑部老化

多肽类

可快速吸收，抑制血压上升

对身体的益处

　　食物中的蛋白质需要先在消化道内消化分解为氨基酸后才能被机体吸收，在此过程中产生的氨基酸的结合体，就是肽。2个氨基酸的结合体称为双肽，3个的称为三肽，3个以上到数十个的氨基酸结合在一起则称多肽。

　　肽的特点是消化吸收的速度很快，即使在生病或病后体力和胃肠道功能都不好时，也能被迅速吸收。

富含食物

　　芝麻含丰富的蛋白质成分，将已榨去芝麻油的芝麻饼粕经酶法水解后得到一种新型多肽—芝麻多肽。研究结果表明，芝麻多肽具有出色的降血压效果，而且散发出天然的香气，所以芝麻多肽可以直接加工成保健食品，是一种天然降压保健产品。

大豆多肽的功能包括抑制胆固醇升高、消除肌肉疲劳和脑疲劳等，最近法国又有报道说，大豆多肽有抑瘤作用。

苦瓜所含有的苦瓜多肽类物质有快速降低血糖的功能，能够预防和改善糖尿病的并发症，具有调节血脂、提高免疫力的作用，还可以减肥。

蜂胶多肽具有特殊的植物香气。据介绍，将蜂胶多肽加工成护肤产品涂擦在面部肌肤上，可以保持皮肤弹性、预防细胞老化以及防止皱纹产生，美容效果显著。

来自鱼类的肽类同样也能阻碍血管紧张素转换酶的作用，抑制血压上升，比如沙丁鱼肽及柴鱼寡肽都有此功效。

摄取方法

这些功能性的肽类作用各异，可用于有消化吸收障碍患者的营养补充、作为降压辅助食品、对蛋白质过敏的婴儿食品、促进钙吸收的食品、醒酒食品、运动食品等。使用时应对照自己的需求，按照医生或产品说明书来掌控用量。

相关病症

高血压病

蛋白质

构建身体所必不可少的营养素

对身体的益处

蛋白质是众多氨基酸结合而成的物质。通过20种以上氨基酸的排列组合能够制造出无数种性质不同、功能各异的蛋白质。蛋白质是构建身体不可缺少的营养素。人体肌肉、心、肝、肾等器官均含大量蛋白质；骨骼和牙齿中含有大量的胶原蛋白，指、趾甲中含有角蛋白；细胞中从细胞膜到细胞内的各种结构中均含有蛋白质。它还能构成体内多种重要活性物质，如催化体内一切物质的分解和合成的酶；使内环境稳定，调节许多生理过程的激素；可以抵御外来微生物及其他有害物质入侵的抗体。此外，血液的凝固、视觉的形成、人体的运动等等，无一不与蛋白质有关。所以蛋白质是生命的物质基础，缺乏时会导致体力下降，头脑变得迟钝，还会出现成长障碍及贫血等症状。

富含食物

蛋白质按照食物来源，分为动物性蛋白质及植物性蛋白质两种。含有动物性蛋白质的食物有蛋类、肉类及牛奶等，它们全是优质蛋白质。其中备受关注的是乳清蛋白和乳铁蛋白。

植物性蛋白质的代表是大豆蛋白，大豆蛋白中必需氨基酸含量丰富，也属于优质蛋白质，但其中8种必需氨基酸之一的蛋氨酸含量不高，从一定程度上限制了大豆蛋白的营养价值。大豆蛋白的优势是含有能降低血中胆固醇，预防动脉粥样硬化的脂质—大豆固醇及大豆磷脂。

缺乏症

膳食蛋白质缺乏可导致消化吸收不良、腹泻；肝脏不能维持正常结构与功能；由于肌肉蛋白合成不足而逐渐出现肌肉萎缩；因抗体合成减少，对传染病的抵抗力下降；胶原蛋白合成也会发生障碍，使伤口不易愈合；儿童时期可见骨骼生长缓慢、智力发育障碍。蛋白质长期摄入不足，可逐渐形成营养性水肿，严重时导致死亡。

摄取方法

蛋白质每天的摄入量，每千克体重需1~1.2克，因此，一个体重50千克的人，每天需摄取50~60克蛋白质。动物性及植物性蛋白质各占一半是比较理想的比例。

蛋白质，尤其是动物蛋白质摄入过多，对人

相关病症

动脉粥样硬化
免疫功能低下
肝脏功能异常

体同样有害。首先，过多动物蛋白质的摄入，就必然摄入较多的动物脂肪和胆固醇。其次，蛋白质过多本身也会产生有害影响。正常情况下，人体内不贮存蛋白质，如果摄入过多的蛋白质就必须启动脱氨分解，多余的氮则由尿排出体外。这一过程需要大量水分，从而加重了肾脏的负担，若肾功能本来就不好，那么危害更大。过多的动物蛋白质摄入，也造成含硫氨基酸摄入过多，这样可加速骨骼中钙质的丢失，易产生骨质疏松症。

卵磷脂

防止胆固醇附着，营养大脑的要素

对身体的益处

卵磷脂是形成细胞膜等生物体膜的主要成分，也是大脑、神经及细胞间的信息传导物质，负责人体各种功能的调节，并与肝脏的代谢活动密切相关。

卵磷脂的功效，首先要从其分子结构讲起。卵磷脂是由磷酸、甘油、脂肪酸及胆碱构成，磷酸及胆碱的部分属亲水性，而脂肪酸及甘油是亲油性，容易与脂质的分子结合。这样，本来不能相互结合的水与脂质，因卵磷脂的介入就变得能够结合了。一旦脂质乳化于水中，脂质代谢就会活化，因此，卵磷脂具有预防因胆固醇附着于血管壁，而造成动脉粥样硬化及高血压的功能。此外，它的乳化性能可以促进脂质代谢，有助于预防和解决肥胖的问题。同时，研究发现，胆碱可有效保护肝脏免受酒精影响，维持正常肝功能，促进氨基酸新陈代谢等，是一种人体必需的营养素。卵磷脂是目前发现的安全性和生物可用性较高的天然的胆碱来源。

由于大脑含有许多卵磷脂，它可以作为信息传导载体，能提高人的记忆力、集中力，提高思维能力，有速效健脑作用。卵磷脂可以促进脑细胞膜的流动性，以预防脑细胞退化，因此能预防记忆力衰退及痴呆，并能促进胎儿脑细胞的正常发育。

此外，卵磷脂还能提高维生素A及维生素E等脂溶性物质的吸收率；调节自主神经，可促进胃肠蠕动，对胃溃疡有帮助；还可抗紧张，抗压力，用牛奶和卵磷脂对帮助睡眠更是奇效；还能缓解生理痛，头痛，可巧妙地维持全身激素平衡，帮助代谢毒素，疏通血管，解决脑部缺氧等问题。

摄取方法

人体可以通过摄入的食物自行合成卵磷脂，也可以直接摄入富含卵磷脂的食物。讲到富含卵磷脂的食品，首先应该提起的就是大豆及蛋黄。除了从饮食中摄取外，还能利用市售的卵磷脂保健食品，或者从以卵磷脂为主要材料的保健食品中摄取。蛋白质及维生素制剂等各种保健食品也含有卵磷脂。

市售的巧克力包装上也能看到卵磷脂的字样，因为卵磷脂容易混合水与脂质的乳化特性及润滑特性，因此常作为添加物使用。

有些减肥产品标榜添加卵磷脂可以乳化脂肪，所以可以减肥。事实上并非如此，卵磷脂大部分都是脂肪成分，热量与脂肪相近，如果吃多了，还是一样会胖。因此，并不是真能帮助减肥的成分，乳化脂肪只是让油脂能够顺利进入人体的消化代谢反应，乳化后的脂肪也可能排出体外，也可能被再吸收。

相关病症

高血压
动脉粥样硬化
脑部老化

软骨素

软骨及结缔组织的重要成分

对身体的益处

软骨素出自意为"软骨之源"的希腊语，是构成黏多糖类的主要成分之一，存在于人类脊髓、关节软骨、骨骼、韧带、皮肤、眼睛的角膜及晶状体内。其保水性能绝佳，可滋润皮肤，并让关节顺畅活动。缺乏时会引起关节炎及骨折、皮肤皱纹及粗糙等肌肤老化和眼睛疲劳等症状。从恢复身体功能的角度看，软骨素能缓解关节疼痛及腰痛，使代谢正常化，这是已被证实的。软骨素公认的功效还有去除胆固醇及过氧化脂质、防止动脉粥样硬化、促进骨骼成长等。许多药品中也会使用软骨素。目前，在临床上，软骨素常用在治疗肾脏疾病、风湿病、肩膀酸痛、脱发以及夜尿增多等病症的药物中。

富含食物

天然食物里，动物性食品含有软骨素，软骨素原料的来源主要是鲨鱼软骨或犊牛气管。由于原料取得较珍贵，因此在国外，软骨素的价格大约是葡萄糖胺的4倍。

摄取方法

软骨素可在体内合成，但会随着年龄的增加而减少，18岁以后，体内黏多糖的合成量逐渐减少时，就必须从外部补给。动物的皮及脆骨中含有软骨素，但一般含量不高。如果期待起到保健功效，通过保健食品补充更有效率。现在，市场上已有许多防止老化用的软骨素类保健食品，其原料多为鲨鱼的软骨或者猪的软骨，如果能够正确应用，应该可以发挥保健作用。

对于中老年人常有的关节疼痛，可同时摄取对变形性关节炎及腰痛有效的葡萄糖胺。因软骨素与葡萄糖胺有相辅相成的作用，一般市售的保健食品都含有这两种成分。

相关病症

偏头痛　　神经痛
关节痛　　风湿病
脱发

透明质酸

预防皮肤黑斑及皱纹有强效

对身体的益处

人体细胞受到存在于细胞间的黏多糖类物质的保护，透明质酸就是黏多糖类的一种，保水力强，其保水量约是自身重量的6000倍（1克透明质酸可保水6升）。透明质酸的功能与软骨素类似，而且两者间关系密切。胎儿时期的透明质酸含量最多，出生后会逐渐减少，成年后大概只剩下1/4。

细胞组织的构架、细胞外液的水分调节、润滑及治疗创伤时均需要透明质酸。比如人们患有风湿病及关节炎时，局部注射透明质酸能帮助关节恢复顺畅的动作。另外，人体内最需要水分的眼球，就是悬在以透明质酸为主的黏多糖类的水性溶液上，因此，多摄取透明质酸能增进视力，并保持眼睛的澄清度。此外，糖尿病等慢性疾病会使血液容易凝固，容易罹患动脉粥样硬化，导致脑梗死或心肌梗死，而透明质酸能调节血液的保水能力，可有效预防这些疾病的发生。

透明质酸还能活化体内细胞，将营养素运送到必要的地方。由于其同时也运输许多矿物质、氨基酸及维生素，所以，对去除过氧化物及防止细胞的衰老都有帮助。最新研究显示，透明质酸可预防癌症，抑制癌细胞的生长。

透明质酸具有抗氧化、防衰老作用，在护肤品中加入透明质酸可对由于紫外线所造成的皮肤伤害进行修复。特别对女性而言，透明质酸是备受瞩目的永葆肌肤青春的营养成分。如果能保持足量摄取，则胶原蛋白不会变质，可预防黑斑及皱纹，维持肌肤的弹性、水嫩。透明质酸还有助于维持卵巢的正常生理功能，能减轻痛经，改善更年期症状。

富含食物

透明质酸富含于动物性食品内，但并不是在肉类的部分，而是富含于皮、

骨头及关节等部位。

摄取方法

人体可以自行合成透明质酸，也可以通过食物摄取。如果需要大量补充，也可通过摄取保健食品实现，可以选择加工过的单一成分的透明质酸保健食品，与维生素C、维生素E及钙一同摄取效果更佳。

相关病症

糖尿病	癌症
关节炎	视疲劳
风湿病	黑斑及皱纹

葡萄糖胺

制造软骨不可缺少的营养素，能改善关节炎

对身体的益处

葡萄糖胺是形成螃蟹、虾等甲壳类动物外壳的甲壳质等胶质成分，富含于黏多糖类内，属天然氨基糖的一种。氨基糖是构成糖蛋白的成分，也存在于人体内，分布于软骨、指甲、韧带及皮肤等处，是负责结合细胞间及组织间的结缔组织。当由于年龄增加及肥胖使关节负担加重，或因代谢功能降低及运动不足而导致软骨再生不良时，都会导致腰痛及膝盖酸痛。如果继续恶化，还可能发展成关节炎及变形性关节炎。葡萄糖胺是制造软骨时不可缺少的营养素，如果能充分摄取，就能改善这些症状。

最近的科学研究发现，葡萄糖胺能阻止癌细胞的增生，可改善食欲不振。

人类与动物都可以在体内自行合成葡萄糖胺，只是随着年龄的增长，合成的速度赶不上分解的速度，于是发生体内及关节缺乏葡萄糖胺的现象，进而影响关节内细胞的新陈代谢。服用葡萄糖胺对软骨组织修复有一定帮助，关节磨损等退行性变较多发生于老年人群体，所以中老年人可以适当补充葡萄糖胺。

摄取方法

人体可以通过摄入的其他营养素来合成葡萄糖胺，但随年龄增长，合成能力下降。在食物中，葡萄糖胺多存在于甲壳类动物的壳中，所以能够从食物中摄取的葡萄糖胺很少。如有需要，可以考虑适当选择保健食品。葡萄糖胺如果能与保水性强且在体内能同时搬运并吸收水分与营养素的"软骨素"一起摄取，可增强对骨关节炎的疗效，这也是葡萄糖胺制品中大多添加软骨素的原因。而葡萄糖胺及软骨素两者都是合成黏多糖类的成分。另外，也有极少数人服用葡萄糖胺时会出现胃肠不适及食欲不振的情况，若出现这些症状时，应询问医生或调整摄取量，采取适当的应对方法。

相关病症

骨关节炎
关节炎
牙周炎
腰痛

胶原蛋白

保持身体的弹性及张力

对身体的益处

胶原蛋白是动物体内含量最多的蛋白质，约占人体蛋白质总量的30%。细胞内及血液中的大部分蛋白质是以溶于水的状态存在的，而胶原蛋白是以纤维及生物膜等结构形式存在于体内，所以，胶原蛋白的第一种作用就是支撑内脏器官，也就是构成身体的支架；第二种作用是连接在体内的细胞与细胞之间，就像细胞黏着剂一样。

胶原蛋白会在体内不停地分解与合成，但随着年龄的增加，合成速度逐渐赶不上分解的速度，含量逐渐减少。比如皮肤的真皮层，胶原蛋白是以纤维网状的结构存在的，使皮肤具有明显的弹性及伸缩性。但随着年龄的增加，胶原蛋白的量会逐渐减少，肌肤的弹性及伸缩性就会下降，皮肤就会松弛，渐生皱纹。皮肤的生长、修复和营养都离不开胶原蛋白。骨骼中有机物的70%～80%也是胶原蛋白。骨骼生成时，首先必须合成充足的胶原蛋白纤维来组成骨骼的框架。因此，有人称胶原蛋白为骨骼中的骨骼。胶原纤维具有强大的韧性和弹性，倘若把一根长骨比成一根水泥柱子，那么胶原纤维就是这根柱子的钢筋框架，而胶原蛋白的缺乏，就像建筑物中使用了劣质钢筋，折断的危险就在旦夕。

头发健康的关键在于头发的基础—头皮皮下组织的营养，位于真皮层的胶原蛋白是表皮层及表皮附属物的营养供应站，表皮附属物主要是毛发与指甲。缺乏胶原蛋白，头发干燥分叉，指甲容易断裂灰暗无光泽。头发本体和皮肤一样，也由胶原蛋白组成，头发最中心是发髓，最外层是毛鳞片，中间就是胶原蛋白。胶原蛋白主要控制着头发的粗细、弹性和湿润度。毛鳞片是一种十分脆弱的组织，摩擦受热就会磨损，而内层的胶原蛋白就会受到刺激而分解。所以要拥有一头秀发，治本之道就是补充胶原蛋白，营养皮下组织，促进毛发健康，保持头发的柔软亮泽。

减肥需要燃烧脂肪，而水解胶原蛋白能使这种分解代谢过程增加和延长，燃烧更多的脂肪从而达到减肥的目的。因此服用胶原蛋白，还有助于减肥。另外，也有人认为胶原蛋白对丰胸有作用。

摄取方法

胶原蛋白可以在体内自行合成，食物中肉皮、猪蹄等都富含胶原蛋白。当我们为了补充缺乏的胶原蛋白，摄取富含胶原蛋白的食物时，由于胶原蛋白属于蛋白质的一种，在体内会被消化酶消化，并且与其他的食物蛋白质一样，经由食物摄取的胶原蛋白无法直接变成体内需要的胶原蛋白。因此，摄入的外源性胶原蛋白可能起不到我们所期待的效果。但摄入富含胶原蛋白的食物或保健食品，可以为身体提供充分的合成胶原蛋

相关病症

皮肤老化
骨质疏松症
视疲劳
脱发

白所需的原料。另外，在摄入富含胶原蛋白食物的同时，也要注意摄取能够促进胶原蛋白合成的维生素C及铁质。

钙

强健骨骼和牙齿

对身体的益处

钙约占人体总重的2%，人体的钙中有99%分布在骨骼及牙齿上，而剩余的1%则存在于血液及肌肉等处，其中血液中占总钙量的万分之一，细胞中更加微量，但如果不能保持一定的水平，身体功能就会出现问题，因此，钙的补充非常重要。当钙摄入不足时，会导致骨密度降低。因为当生理功能所需的1%钙出现不足时，身体就会从储藏库，即从骨骼中将钙提取出，以保持血液中一定的钙量，因此，如果长期钙摄入不足，就需要持续从骨骼中取钙，因而容易发生骨质疏松症。

钙并非是对骨骼健康有重要作用的唯一营养素，但它是一种最易缺乏的营养素。良好的营养不是维持良好骨骼健康所必需的唯一因素，体力活动，特别是负重运动也是重要的，戒烟以及激素满足（例如绝经后雌激素替代疗法的使用）等亦十分重要。适宜的钙摄入量可增强体力活动和雌激素对骨骼的益处。降低骨质疏松危险性的基本方法是在生长期使骨量峰值达到最大，并降低之后的骨丢失，适宜的钙摄入量对于两个目标均很重要。

国外研究还报道补钙有助于降低高血压。还有一些观察性研究结果提示，充足的膳食钙可降低肾结石的发病率。对于癌症，增加钙、乳制品和维生素D的摄入量有可能降低结肠癌的危险性，并可能预防乳腺癌和其他癌症。

另外，钙与镁的平衡很重要，能帮助消除烦躁，安定神经，而且镁能帮助血液中的钙发挥作用。但如果其中有一种不足，另一种的需要量就会增加，所以必须加以注意。镁与钙的比例呈1：2至1：3的时候是最理想的状态。

富含食物

钙的食物来源应考虑其钙含量及吸收利用率两个方面。牛奶及其制品含钙丰富，吸收率也高，是理想的钙来源。水产品中可以带着鱼骨一起吃的小鱼和带皮吃的小虾含钙量特别多，其次是海藻类、豆类及豆制品、芝麻及部分坚果类等。

摄取方法

中国营养学会推荐成年人每天所需钙质约为800毫克，50岁以上的人为1000毫克，孕妇或哺乳期女性则为1000毫克。调查发现，我国成年人有80%以上的人钙质摄入不足，所以，应该努力搭配饮食摄取，或用保健食品补充。此外，由于钙的吸收率会随着年龄增加而降低，因此，应该多多摄取并存储在骨骼中。

人体对钙的吸收率还受到其他营养素的影响，如果摄取过量的磷就容易妨碍钙的吸收。钙在肠内被吸收，或者从骨骼内被提出的过程都需要维生素D的协助。人体在晒太阳时接受紫外线的照射就能制造维生素D，所以，适度照射紫外线也能间接帮助钙吸收。

相关病症

骨质疏松症	肾结石
烦躁	癌症
高血压	

铁

血液的主要成分，维持生命不可缺少的重要矿物质

对身体的益处

大家都知道有贫血倾向的人需要多摄取铁，可见铁与血液有非常密切的关

系。体内所消耗的铁，有近50%被用来作为血液中血红蛋白的原料，剩余50%的铁则会被储存于肌肉、脊柱、肝脏及脾脏内。

血红蛋白是红细胞的成分，而红细胞的作用是将维持生命所需要的氧气从肺运往全身，并将全身细胞产生的二氧化碳送往肺部，交换氧气。红细胞的平均寿命约120天，需要不断地新陈代谢，否则血液中的血红蛋白浓度就会减少。因此，需要每天都补充一定量的铁质，帮助保持血液中血红蛋白的浓度，让血液维持良好状态。免疫细胞生成时也需要铁质参加，因此，摄取足够的铁，除了能防止贫血外，也能预防感冒发生。

富含食物

人体内的铁质几乎都与蛋白质结合在一起。人体对植物性铁质的吸收率约为3% ~ 6%，对动物性铁质的吸收率约有20%。这是因为肉类等食物中的铁约一半是血红素铁，它在体内被吸收时不受膳食中植酸、磷酸的影响；而植物性铁质中大部分为非血红素铁，它在体内被吸收前，必须与结合的有机物如蛋白质、氨基酸和有机酸等分离，必须在转化为亚铁后方可被吸收。因此，虽然肉类及蔬菜中都含有铁质，但肉类、动物全血及猪肝内的铁质较易被吸收。此外，如果与维生素C或维生素B_2一同摄取，能促进铁的吸收。

缺乏症

铁缺乏时可增加铅的吸收，据调查铁缺乏的幼儿铅中毒的发生率比没有铁缺乏儿童高3 ~ 4倍，这是由于缺铁导致对二价金属吸收率增高所致。铁缺乏时还会使人的工作能力降低、学习能力下降，冷漠呆板，缺铁儿童易烦躁，抗感染抵抗力下降。

摄取方法

中国营养学会规定每天适宜摄入铁量成年男性为12毫克，女性为20毫克。铁不能自行合成，必须从食物中摄入。富含铁的食物概括起

相关病症

贫血	感冒
低血压	腹泻
月经过多	

来分为3大类：动物肝脏、动物血和红色瘦肉。

当一次性大量或长期过量摄取铁质时会引起中毒，出现疼痛、呕吐、腹泻及休克等中毒症状。因此，无论成人还是儿童，在服用铁剂时最好有明确的铁缺乏指征，并在医生指导下进行服用。如果是食物补充铁质很少发生过量或中毒。

镁

促进体内酶活化

对身体的益处

人体内约有25克的镁，其中约有50%~60%存在于骨骼及牙齿中，其余储存于软组织中。血液中的镁含量只有1%，如果摄入量不足时，储存于骨骼中的镁就会被释放出来进行补充。镁与蛋白质合成、能量代谢、肌肉收缩、调节血压、体温调节等体内的酶反应有关，是维持生命重要的矿物质。镁与B族维生素都在糖类及脂质的代谢上担任着重要角色，能帮助消除疲劳，因此，如果长时间睡眠不足或运动过度，镁就会被消耗殆尽。缺乏镁时，会引起肌肉抽搐、麻痹、晕眩、记忆障碍、注意力涣散以及引发低钾血症和钾的负平衡，而且人体会释放出血清素，这是一种能引起头痛的物质，成为引发偏头痛的原因之一。

此外，镁与钙均衡摄取能够达到最佳吸收效果。镁与钙的摄取比例为1：2至1：3时最佳，这种均衡摄入对缓解焦躁的情绪很有帮助。如果因钙摄入过多而导致镁摄入不足，则会造成血管收缩，引起心脏、大脑的疾病。但是，如果单纯为了补充镁而片面增加钙的摄取，可能会引起呕吐、肌肉酸痛及痉挛等钙摄入过量的症状。

富含食物

镁含量高的食品包括全谷类、豆类、绿叶蔬菜和豆腐。肉类、香蕉、芝麻、乳制品及海藻里也能摄取到镁。

摄取方法

中国营养学会推荐成人每天镁适宜的摄入量为330毫克。除了摄取量不足、慢性腹泻、长期服用利尿剂或大量饮酒的人容易缺镁外，爱喝酒的人，镁容易随尿一同排出，因此，喝酒时最好同时食用含镁丰富的坚果类、海藻及黄绿色蔬菜。

成人对镁的摄取上限为每日不超过700毫克。不过只要肾功能正常，即使摄取过多，也应该会被排出体外。但如果存在肾脏方面的疾病，则神经及心脏也容易并发疾病，并可能发生体位性低血压。当一次摄入大剂量镁（大于400克）时可出现麻痹性肠梗阻，需要特别注意镁的摄入量。

相关病症

疲劳
心脏病
失眠

维生素 **A**

对眼睛、皮肤等人体各器官发挥广泛的影响力

对身体的益处

维生素A在动物性食品中以视黄醇的形态存在，在植物性食品中则以胡萝卜素的形态存在。胡萝卜素存在于蔬菜及水果内，是黄色及橙色的色素，其中最具代表性的是蔬菜、水果中的β-胡萝卜素。这些物质必须进入体内并被小肠吸收后，才能转化成发挥生理作用的维生素A。在变成维生素A以前的物质，称为维生素原。

维生素A能使黏膜保持完整，保护皮肤、头发及牙龈，并能维持视力的正常。此外，还能使机体免疫力保持正常，帮助骨骼生长，并促进成长，对病后恢复也发挥着重要作用，它有助于对肺气肿、甲状腺功能亢进症的治疗。另外，胡萝卜素具有抗氧化功能，能防止体内器官过氧化，去除过氧化物，防止细胞膜受到伤害。因此维生素A能有效抑制癌症，预防心脏病和降低胆固醇，还可预防呼吸道感染。外用维生素A有助于对粉刺、脓包、疖疮、皮肤表面溃疡等症的治疗。B族维生素、维生素E、维生素D以及钙、磷、锌等如果没有维生素A的帮助，就无法发挥其作用，因此，可以说维生素A是营养素的润滑剂，需要保证每日充足的摄取量。

富含食物

维生素A最好的食物来源是各种动物肝脏、鱼肝油、鱼卵、全奶、奶油、禽蛋等；维生素A原的良好来源是深色蔬菜和水果，如冬寒菜、菠菜、苜蓿、空心菜、莴笋叶、芹菜叶、胡萝卜、豌豆苗、红心甘薯、辣椒及水果中的芒果、杏及柿子等。

缺乏症

暗适应能力下降、夜盲及眼干燥症：维生素A缺乏的最早症状是暗适应能力下降，严重时可致夜盲，即在暗光下无法看清物体。还会导致角膜干燥症及角膜软化症的发生。黏膜、上皮改变：上皮组织分化不良，可导致皮肤特别是手臂、腿、肩、下腹部皮肤粗糙，干燥、鳞状态等角化变化。口腔、消化道、呼吸道和泌尿生殖道的黏膜失去滋润、柔软性，使细菌易于侵入，易致支气管肺炎等严重疾病。

生长发育受阻：尤见于儿童，首先影响骨骼发育，齿龈增生与角化，影响牙釉质细胞发育，使牙齿停止生长。还会造成儿童智能障碍等缺乏性疾病。

其他：会导致味觉、嗅觉减弱，食欲下降。

摄取方法

儿童以及容易疲劳的人特别需要适量补充。而摄取比例则应该掌握纯维生素A∶胡萝卜素为1∶1。因维生素A是脂溶性，植物中的胡萝卜素也能溶于油脂，所以与含脂质的食物一同摄取效果更佳。

动物性来源的维生素A进入体内，会直接存储在肝脏。如果过量摄取，会很快在体内蓄积过多，并可能引起急性中毒症或慢性中毒症。患者可能出现疲劳、呕吐、腹泻、睡眠障碍、食欲不振、皮肤粗糙及脱发等症状。相反地，植物性胡萝卜素只有部分会转变成维生素A在体内储存，一般情况下很难造成中毒现象。

相关病症

夜盲症及视力降低
心脏病
癌症

维生素D

帮助构筑健康骨骼及牙齿

对身体的益处

维生素D又称阳光维生素，可以从太阳光和饮食中摄取。太阳光中的紫外线会在皮下脂肪转换成维生素D，并被人体所吸收。从饮食摄取的维生素D则在小肠壁与脂质一起被吸收。由于维生素D不足而引起的缺乏症使骨骼变得脆弱而容易发生骨折，导致骨骼空隙变多而引起骨质疏松症，并且容易引起蛀牙等。总之，维生素D与钙、磷一样，是骨骼形成所不可欠缺的营养物质。

进入人体内的维生素D能够帮助肠内钙质的吸收，并将血液中的钙运送到骨骼内，还能帮助钙在骨骼内沉积下来。当肌肉中的钙质减少时，维生素D还能帮助骨骼合理地分配钙质。当钙摄取量不足时，维生素D还能让尿液中的钙不被排出体外，并且能够被再度利用。

牙齿的形成与骨骼一样，都需要钙作为构成材料。因此，不光是儿童、青少年，连成人都会由于维生素D的摄入不足而使牙釉质变得脆弱，并且容易发生蛀牙。此外，由于骨骼和牙齿都会在儿童、青少年期发育完毕，所以在幼儿期就要特别注意补充维生素D及钙质。

富含食物

维生素D主要存在于海水鱼（如沙丁鱼）、动物肝脏、蛋黄等动物性食物及鱼肝油制剂中。

缺乏症

缺乏维生素D会使婴儿引起佝偻病，对成人，尤其是孕妇、乳母和老人，可使已成熟的骨骼脱钙而发生骨质软化症和骨质疏松。

缺乏维生素D、钙吸收不足、甲状旁腺功能失调或其他原因造成血清钙水平降低时可引起手足痉挛症。表现为肌肉痉挛、小腿抽筋、惊厥等。

成年人只要晒足太阳，在正常膳食条件下一般不会发生维生素D缺乏病。

摄取方法

对于健康的成年人来说，最经济有效的维生素D的摄取方法就是日光浴。但是久居都市里、空气环境差、经常熬夜等，因为工作或生活而无法晒到充足阳光的人，建议适当应用一些保健食品。依照维生素D的特性，如果与维生素A、维生素C、胆碱、钙、磷一同摄取，可能起到更好的相辅相成的效果。

维生素D能促进钙、磷的吸收，但是如果摄取过量，就会使钙蓄积在肾脏内，而具有引发肾脏疾病的危险，并且过多的维生素D在体内可能发生蓄积性中毒，对学龄前儿童的生长尤其有害。此外，维生素D摄取过量还可能引起喉咙干渴、食欲不振、体重减轻、皮肤痒、

相关病症

骨质疏松症

蛀牙

软骨症

恶心、头痛、腹泻及尿频等症状，但如果是正确的用量及用法就不会有问题。

健康的血液及骨骼不可缺少的维生素

对身体的益处

　　人体皮肤受伤出血或者内脏出血时，维生素K能帮助血液凝固。由于人体内能帮助血液凝固的几个因子，在起作用时都需要维生素K的参与，所以，如果维生素K不足，血液就无法正常凝固，不能抑制出血，因而可能变成大出血。因此，维生素K能够抑制月经时大量出血、预防内脏出血及破损的血管在体内的出血，还能改善经常流鼻血的症状。此外，钙沉积在骨骼内时所需蛋白质的合成，也与维生素K有关。

　　一般而言，维生素K、与钙吸收有关的维生素D以及与形成骨骼的蛋白质成分之一胶原蛋白合成有关的维生素C等，在骨骼的形成中都不可缺少。当肌肉内的钙不足时，维生素D会帮助人体从骨骼内供给，而维生素K能防止钙从骨骼中流失。因此，维生素K在骨质疏松症的预防和治疗中备受瞩目。

富含食物

　　天然维生素K有2种，一种是维生素K_1，可从绿叶蔬菜中摄取；另一种是维生素K_2，是可以被用来制作发酵食品的细菌产物，富含在奶酪和纳豆中，也可以由人体肠内细菌自行合成。不仅蔬菜，海藻及绿茶内也含有丰富的维生素K，特别是常被太阳照射的外侧部分。

缺乏症

　　慢性胃肠疾患、控制饮食和长期服用抗生素等情况会造成维生素K的缺乏，发生凝血功能障碍。

摄取方法

怀孕或哺乳中的女性如果缺乏维生素K，会对婴儿产生影响。新生儿由于无法在体内合成维生素K，所以须少量补充。对于预防出生后一周左右的新生儿便血，即黑色大便，或预防出生后2~3周的新生儿出现颅内出血的症状，适量应用维生素K也是很重要的，目前绝大多数新生儿出生后的第一针往往就是注射维生素K。

相关病症

生理期大量出血
骨质疏松症
新生儿缺乏维生素K出血症

化学合成的维生素K（维生素K_3）如果一次性摄取过量，可能会出现贫血及血压降低等症状，虽然一天内摄取了超过标准剂量的50倍以上才会引起这些症状，但仍须服用者高度注意。

叶黄素

维持眼睛健康所必需

对身体的益处

叶黄素是一种红、黄等色素成分的类胡萝卜素，富含于黄绿色蔬菜中，是植物进行光合作用所必需的色素。其在人体内与同是类胡萝卜素的玉米黄素共同存在于视网膜的黄斑部，具有保护黄斑的功能。

黄斑位于视网膜的中心部位，存在着许多能感受色彩的细胞，在维持眼睛正常功能上扮演着非常重要的角色。当黄斑部出现出血、浮肿，或有沉淀物等异常时，称为黄斑病变。症状的初期，视野中心会出现黑色，看东西模糊不清。有少数人的症状可能急速恶化，但大部分患者是慢性恶化，最终可能导致失明。这是随着年龄增加可能引起的疾病，常见于60岁以上的老年人，并且高居欧美老年人失明原因的前几名。目前还不知道是否与饮食习惯及环境的改变有关，最近调查显示我国老年人罹患黄斑病变的人数也在逐年增加。

可能引发黄斑病变的详细原因目前还不清楚，不过过氧化物是其中一个重要因素。当视网膜的黄斑部接收到太阳光、电脑显示屏、电视、日光灯等光线时，就会产生过氧化物。这些过氧化物会使黄斑部的脂质氧化，导致视力降低。而叶黄素能吸收这些对眼球有害的青色光线，并发挥抗氧化作用，保护黄斑部免于氧化，减轻患者的不适症状，预防黄斑病变。

另外，也有报告显示叶黄素能预防大肠癌、皮肤癌、子宫颈癌等，不过详细的抗癌功效还有待日后的研究。

富含食物

可由绿色蔬菜摄取，特别是菠菜、芥蓝、西兰花及甘蓝菜等深绿色蔬菜中含量丰富。

摄取方法

预防黄斑病变等疾病，每天约摄取6毫克（相当于半把菠菜，60~80克）最有效。

相关病症

眼睛黄斑病变

花生四烯酸

增强神经突触传导能力，活化大脑

对身体的益处

花生四烯酸（ARA）是制造细胞膜的原料磷脂质中的一种脂肪酸，存在于大脑、皮肤及血液等处，特别与大脑的发育有密切关系，能提高学习能力、记忆力及反应能力。

根据日本最新的研究结果显示，摄取ARA能改善老龄大白鼠的学习能力和记忆力，而在人体实验中（60～70岁脑部健全的受试者），也能改善老年人的认知和反应能力。另外，研究发现ARA还能振作精神，提高兴奋性，改善忧郁状态。

富含食物

鸡蛋、肉类（猪肝）及鱼类中都含有ARA。

摄取方法

人体每天摄取大约240毫克ARA就能够达到保健效果。这一剂量可以通过鸡蛋及肉类（肝脏）等食物内摄取到（相当于400克肉类食物），也可以通过摄取富含亚油酸的植物油在体内自行合成。特殊人群如哺乳期妇女、儿童及老年人可以适量选用补充ARA的保健食品。

另外，花生四烯酸富含于人类的母乳内，是婴儿正常发育所不可缺少的营养素。根据美国临床营养学专家苏珊·卡尔森博士的研究，ARA能促进婴儿神经系统的发育及学习能力、记忆力。目前在美国、日本等地都有含有ARA配方的奶粉。

相关病症

大脑老化

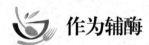 **作为辅酶**

维生素 B₁

改善大脑功能，预防疲倦感

对身体的益处

维生素B$_1$被称为能够消除疲劳的维生素，是糖类转变成热量时所必需的营养成分。大脑活动的"原动力"葡萄糖在转换为能量时形成乳酸，后者会被运到肝脏及肾脏，再被转换为葡萄糖而重新被利用。当乳酸转换为葡萄糖时，就需要维生素B_1，一旦维生素B_1摄入不足，乳酸就会蓄积起来，人体就会感到慵懒及倦怠。

大脑是控制周围神经的指挥中心，其唯一的能源就是葡萄糖。若要制造足量的葡萄糖，就不能缺少维生素B_1，一旦缺乏就会出现运动能力下降的症状。在维生素B_1缺乏所引起的症状中，最严重的就是脚气病，会出现全身的倦怠感、手脚沉重及浮肿等表现。另外，如果大脑供给能量不足，也可能会导致心神不宁，维生素B_1是维持大脑神经系统保持稳定的营养基础，长期疲劳及外界压力大的人更需要增加摄取。

此外，维生素B_1在维持肌肉特别是心肌的正常功能，以及维持正常食欲、胃肠蠕动和消化液分泌方面起着重要作用。最近有研究显示，由于维生素B_1能保持脑内神经传导物质正常，所以对防治阿尔茨海默病也很有帮助。

富含食物

维生素B_1广泛存在于各类食物中，其良好来源是动物的内脏（肝、肾、心）和瘦肉、全谷、豆类和坚果。目前谷物仍为我国传统膳食中摄取维生素B_1的主要来源。不过，过度碾磨的精白米、精白面会造成维生素B_1大量丢失。

摄取方法

维生素B_1不能在体内自行合成，我们可以选用富含维生素B_1的食物。当身体需要量增加或食物摄入不足时可以考虑使用B族维生素保健食品或补充剂。由于B族维生素具有互助的作用，合在一起摄取能提高每一种的功效，所以复合B族制剂被较多的使用。将一天的分量分两次摄取，吸收率更高。

维生素B_1属于水溶性维生素，跟其他B族维生素一样，一般情况下，就算摄入过量，多余的部分也会随尿液被排出体外，不会囤积在

相关病症

疲劳
脚气病
大脑老化

组织或器官内，因此一般情况下不容易产生副作用或毒性。

如果大量饮用含糖饮料，则体内需要消耗大量的维生素B_1氧化代谢糖分，就容易造成维生素B_1缺乏。有些人尤其是儿童因为摄取过量的甜食而引起食欲不振，也称为一过性的维生素B_1缺乏。

协助营养素代谢的美容维生素

对身体的益处

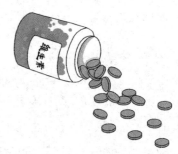

B族维生素最大的特点是作为辅酶在体内发挥作用，其中最为典型的是维生素B_2。不论是在儿童成长所必需的能量代谢中，还是在与许多营养素代谢有关的黄素辅酶中，维生素B_2都肩负重任。

维生素B_2与糖类、蛋白质的代谢以及脂质的分解、合成都有关联。脂质的摄取比例增加，维生素B_2的需要量也随之增加。因为能保护皮肤及黏膜，强化肌肤、指甲及头发的发育及提高整体的抵抗力，维生素B_2也被人称为美容维生素。维生素B_2还参与儿童的成长及女性的生育。

富含食物

动物内脏（肝、肾、心）、蛋黄、鳝鱼、奶、蘑菇、紫菜等食物中含量较高，绿叶蔬菜、豆类中也有一定含量。

缺乏症

缺乏维生素B_2时可能会形成油性皮肤，造成脂溢性皮炎。如果继续缺乏，则容易出现舌头灼热及疼痛性舌炎、嘴唇红肿的口唇炎以及眼睛疲劳、白内障、生殖器炎症等，最严重的则是停止生长、发育。因此，如果要怀孕及哺乳期的女性以及成长期的儿童，要保持口腔、眼睛、鼻子及生殖器等器官的黏膜健康，就应该保证维生素B_2的足量摄取。

摄取方法

因为口腔溃疡及糖尿病需要长期控制饮食的人，最容易缺乏维生素B_2，需要在饮食中加以补充。若要补充因偏食所致的维生素B_2缺乏，建议选择奶酪等乳制品、肉类、蛋类（蛋黄）和大豆。同时摄取维生素B_6及维生素C，可使协助许多营养素代谢、创造美丽肌肤的维生素B_2发挥更大的作用。

摄取过量的维生素B_2，偶尔会引起瘙痒、麻木、灼热感和抽搐等症状。另外，正在服用抗肿瘤药物（进行化疗）的人不能摄入过多的维生素B_2，否则可能减低药物的效果。

维生素B_2跟其他B族维生素一样，多余的量会排出体外，会使尿液变黄。不过，正因为其不会在体内蓄积，所以更要经常补充。

相关病症

口腔炎
白内障
脂溢性皮炎

维生素 B6

帮助女性保持大脑、神经和皮肤正常功能的维生素

对身体的益处

1934年人们从酵母的提取液中发现了维生素B_6。它以辅酶的形式参与体内氨基酸、脂肪酸代谢以及神经递质的合成。在肝脏和红细胞中由锌或镁作为催

化剂使其成为有活性的辅酶。它不同于主要参与能量代谢的核黄素、烟酸等，而主要作用于蛋白质代谢，其对所有氨基酸的合成和分解都是必需的。大脑谷氨酸脱羧形成神经递质也依赖维生素B_6的参与。因此维生素B_6是制造能量所必不可缺的物质，并且也能强化免疫力，对减轻女性月经前特有的身体倦懒及头痛等经前综合征也有效果。

富含食物

维生素B_6食物来源非常广泛，在动植物中均含有，但是一般都含量不高，动物性食物如鸡、鱼、动物肝脏、蛋黄等，以及全谷类、豆类中的黄豆、鹰嘴豆、坚果中的核桃、葵花籽及白菜中含量较多，而奶类及奶制品中含量较少。

缺乏症

维生素B_6在食物中分布很广，此外肠道细菌也可合成一部分维生素B_6供人体需要，所以人类很少发生维生素B_6缺乏症。缺乏维生素B_6有发生低色素性小细胞性贫血的报道。女性口服含激素的避孕药以及用异烟肼治疗结核病时容易引起维生素B_6缺乏。

摄取方法

B族维生素的特点是彼此之间相互作用、相互影响。比如维生素B_6要转变为活性型结构时，必须有维生素B_2的帮助。色氨酸要合成为烟酸时，也需要维生素B_6的参与。因此缺乏维生素B_2时就容易导致维生素B_6缺乏，而缺少维生素B_6也可能影响维生素B_2的储备，因此，维生素B_6与维生素B_2宜同时摄取。维生素B_6与维生素B_1、维生素C及镁一同摄取，能产生更好的效果。

维生素B_6可预防神经功能障碍，但摄取过量也会引起神经系统的障碍。摄取过量维生素B_6的症状有无法入睡、精神紧张等。

相关病症

动脉粥样硬化
皮肤粗糙
妊娠中毒症

能预防贫血的红色维生素

对身体的益处

维生素B_{12}是中间有钴原子的巨大分子，由于其结晶是红色的，所以也称红色维生素。维生素B_{12}主要能帮助红细胞生长，预防贫血。很多女性贫血是因铁质不足，但维生素B_{12}摄入不足也是一大原因。维生素B_{12}还能增加儿童食欲，让脂质、糖类、蛋白质被人体合理应用，促进成长，并能增强注意力及记忆力，稳定神经。此外，维生素B_{12}也跟神经细胞内表面的脂质膜合成有关，对恢复末梢神经的损害很有效，临床上被用来治疗腰腿痛，因此，若有腰痛、肩膀酸痛及手脚发麻等困扰时，维生素B_{12}也是一种不错的保健成分。

需要注意的是维生素B_{12}与高半胱氨酸血症的关系，因为缺乏维生素B_{12}引起的高半胱氨酸血症，如果不加治疗会增加动脉粥样硬化及心肌梗死的危险。

维生素B_{12}与叶酸都能帮助核酸的合成，能够激活胎儿脊髓神经管及胃肠黏膜的生长。

维生素B_{12}与大脑及神经的功能也有关联，对治疗失眠有效。

由于维生素B_{12}对造血及稳定神经的作用有助于缓解伴随月经而来的困扰，因此对经期综合征或经前综合征的女性很有帮助。

富含食物

主要存在于动物性食品中，如肉类及动物内脏；乳及乳制品中含少量维生素B_{12}。

缺乏症

维生素B_{12}缺乏的主要表现为巨幼红细胞贫血及神经系统损害。其可引起斑状、弥漫性的神经系统脱髓鞘疾病，出现精神抑郁、记忆力下降、四肢震颤等神经症状。

摄取方法

植物性食品中基本不含维生素B_{12}。纯素食者，摄取维生素B_1的机会较少，而植物性叶酸摄入可能较多，这就容易导致维生素B_{12}摄入不均衡，因此需要额外足量补充。

维生素B_{12}要与胃黏膜制造的糖蛋白结合才能被人体吸收，这个糖蛋白被称为内因子。因胃癌等疾病而切除胃大部或全部，或者胃黏膜有损伤的人，无法再制造内因子，因此会导致维生素B_{12}无法被吸收，这种情况下口服任何形式的维生素B_{12}都是无效的，应采取注射手段补充。此外，钙质缺乏也是导致维生素B_{12}无法被吸收的原因。

相关病症

贫血
失眠
肩膀酸痛、腰痛

烟酸

最稳定的维生素

对身体的益处

烟酸是生物体中存在量最多的维生素。它溶于水，能耐热耐光，不被酸碱所破坏，一般烹调方法对食物中烟酸的影响较小。

烟酸是人体重要的氧化还原酶辅酶的构成成分之一，可以帮助促进糖类及脂质的代谢。在人体所需的能量里，有60%～70%是依赖烟酸制造的。因此，烟酸有改善血液循环、强化大脑神经功能以及防止心肌梗死复发等作用。因为烟酸能减少可能在体内引起炎症反应的组胺含量，烟酸类的保健食品还可阻止哮喘患者的喘息，另外，虽然具体机制还不清楚，但已经了解到烟酸能够降低肝脏制造胆固醇的能力。

富含食物

烟酸除了存在于鲣鱼、青花鱼及鱿鱼等鱼肉之外，也富含于鸡肉、动物肝脏、豆类、酵母、小麦胚芽、米糠及其他谷类里。

缺乏症

烟酸缺乏症又称癞皮病，主要损害皮肤、口、舌、胃肠道黏膜及神经系统。其典型症状可有皮炎、腹泻和痴呆等。其中皮肤的症状最具特性，主要表现为裸露皮肤及易摩擦部位出现对称性晒斑样损伤，慢性皮炎处皮肤变厚、脱屑、色泽逐渐转为暗红色或棕色，也可因感染而糜烂；口、舌部症状表现为杨梅舌及口腔黏膜溃疡，常伴有疼痛和烧灼感；胃肠道症状有食欲不振、恶心、呕吐、腹泻等表现；神经症状可表现为失眠、衰弱、乏力、抑郁、淡漠、记忆力丧失，甚至发展成痴呆症。

摄取方法

烟酸类营养素在很多食物中含量丰富，一般情况下，通过日常饮食就能获得充足的量。中国营养学会推荐健康成人每天摄取量，男性约需15毫克，女性约需12毫克。另外，氨基酸之一的色氨酸也能合成烟酸，而色氨酸通常富含于优质蛋白质食品内，所以，摄取优良蛋白质也可以补充烟酸。

正确使用烟酸能够减少人体内的"坏胆固醇"，而增加"好胆固醇"。但如果未经医生指

相关病症

心肌梗死复发
血液循环、大脑神经疾病
哮喘

导就胡乱使用是非常危险的。已有报道，有人大量摄取烟酸类保健食品意图改善体内胆固醇状况，结果产生神经性过敏、头痛、肠痉挛、恶心、腹泻等副作用，还有可能产生皮肤发红、眼部感觉异常、高尿酸血症，偶见高血糖等。不过，这些症状多出现在服用烟酸时，在服用烟酰胺时少见。

泛酸

帮助分解有毒化学物质的维生素

对身体的益处

泛酸是协助各种营养素发挥作用的重要辅酶。当人体要将脂肪酸及糖类转换为能量时，就不能缺少泛酸，泛酸与脂肪酸结合后，会转变成乙酰辅酶A，这是制造能量的重要物质。泛酸还能化解进入人体的各种毒物。譬如含有泛酸的辅酶A能够消解加在除草剂、杀虫剂及药剂中的许多有害物质的毒性。泛酸还能促进肾上腺皮质激素的合成，促进脂质和糖类的利用，是多条代谢途径的必需成分。泛酸还能提高机体的免疫力，增强自主神经的作用。

富含食物

泛酸在希腊语中是随手可得之意，正如其名，在大豆、花生、蘑菇等几乎所有的食物中都能摄取到。所以在饮食中很容易得到，很少发现极度不足或缺乏症的情况。

缺乏症

由于泛酸广泛存在于自然界，人类缺乏泛酸症非常罕见，通常是伴随三大营养素和维生素摄入不足发生，泛酸缺乏症仅可在营养不良患者身上观察到。缺乏者依其缺乏程度不同而显示不同的体征和症状，包括易怒、头痛、抑郁、坐立不安、疲劳、冷淡、不适、睡眠不良、恶心、呕吐和腹部痉挛、麻木、麻痹、肌肉痉挛、手脚感觉异常、肌无力和步态摇晃、低血糖症等。这些症状一般只见于重度缺乏者，通常是不会出现的，因此，无需太过紧张。不过在年老的人、喜欢大量饮酒或者正在服用降胆固醇药物的人群中，泛酸可能会严重缺乏。孕妇及哺乳中的妈妈，也要特别注意，防止泛酸摄入不足。

摄取方法

一天摄取大约5毫克的泛酸就可以了，大约相当于3片牛肝（35克），或25克左右的黄豆。

食物中所含的泛酸会在食品加工过程中破坏近半，因此，未精制的谷类等都是较佳的泛酸摄取来源。常喝酒或咖啡的人会消耗很多泛酸，应多补充，也可利用复合维生素及矿物质的保健食品进行补充。

相关病症

食欲不振
化学物质中毒
脚部灼热感
小腿抽筋

生物素

确保肌肤及头发健康的维生素

对身体的益处

生物素是在治疗皮炎的实验中被发现的，也称为维生素H。食物中的生物素由于与蛋白质结合在一起，无法直接被人体吸收，必须经过体内酶的作用，将其从结合的蛋白质中分离后才能被吸收。另外，肠内细菌也能合成生物素供人体吸收。

葡萄糖在人体内转换成能量时会产生乳酸，生物素能帮助乳酸再度还原为葡萄糖。生物素与脂肪酸合成及氨基酸代谢也有关，还能帮助细胞生长及DNA合成，维持正常血糖值，维持头发及皮肤健康，预防贫血。因此，虽然人体对其需要量很少，每天也要保持足量摄取。

最近，生物素对过敏性皮炎的治疗效果很受关注。当过敏原入侵时，体内会释放出组胺等化学物质引起皮肤发炎。生物素能够将组胺的来源，即组氨酸排出体外，减少引发过敏性皮炎的因素。此外，生物素也与糖尿病有关。血糖值越高的患者，血中生物素浓度越低，科学研究显示，补充生物素能改善糖尿病的控制。

富含食物

生物素富含于猪肝、沙丁鱼、大豆、玉米、洋葱、蜂王浆及啤酒酵母内。

缺乏症

生物素缺乏者主要见于长期摄入生鸡蛋的人。大部分生物素缺乏者会出现疲劳、食欲不振、湿疹、脱发及长白头发等症状，大多数成年患者有抑郁、嗜睡、幻觉和极端的感觉异常等明显的精神症状。

摄取方法

中国营养学会推荐成人每天摄取量约40微克。不过，由于其富含于一般食物中，又能由肠内细菌合成，所以，饮食中不会缺乏。但是，长期服用抗生素或持续腹泻者，肠内细菌可能大量减少，此时便需注意摄取足量生物素。30微克的生物素约为半棵菜花或25克左右大豆中的含量。

蛋清里的抗生物素蛋白质可能会在胃里结合生物素而阻碍人体吸收。鸡蛋做熟后，蛋清内的抗生物素蛋白质会遭到破坏，较利于人体吸收生物素。

相关病症

肌肤、头发生长

贫血

过敏性皮炎

叶酸

帮助DNA合成及细胞分化的维生素

对身体的益处

叶酸是属于B族维生素的水溶性维生素，参与体内各种代谢反应。由于叶酸能与约20种酶共同促进DNA的合成及细胞分化，所以，叶酸对于细胞分化正处于旺盛阶段的胎儿及幼儿，是必不可少的。叶酸还能有效防止大脑及脊椎的先天异常及发育不全，所以，准备怀孕和怀孕初期的女性要特别积极地摄取叶酸，美国、日本和我国都建议所有准备怀孕的女性，一天要摄取400微克叶酸。

叶酸并不只对孕期有用，很多医学研究都证明，叶酸对癌症也有预防作用，可预防肺癌、直肠癌、子宫颈癌等。根据美国阿拉巴马大学长达14年的研究，吸烟、长期使用避孕药或因生育而增加罹患子宫颈癌概率的女性，如果定期摄取叶酸，她们患癌症的机会能降低20%~50%。

另外，在美国哈佛大学的一项关于叶酸及B族维生素与冠心病发生关系的研究中，分为5组的受验者，其中摄取叶酸最多的一组，心脏病的发作率最低，比其他组低了近31%。这是因为叶酸能减少血液中的高半胱氨酸。而过多的高半胱氨酸会攻击动脉管壁，损伤血管，叶酸通过减少体内的高半胱氨酸，从而预防心脏病及脑中风。值得注意的是，同时摄取叶酸及维生素B_{12}可降低75%心脏病发作的危险。

富含食物

叶酸富含于动物肝、肾中，其次是鸡蛋、酵母、土豆、麦胚、毛豆、蚕

115

豆、白菜豆、扁豆、龙须菜、菠菜、西兰花及甘蓝里。

缺乏症

缺乏叶酸时，红细胞的生成发生障碍，造成巨幼红细胞性贫血、舌炎及胃肠道功能紊乱。叶酸缺乏的原因很多，如摄入不足、吸收不良、需要量增高和丢失过多等。老人、孕妇、酗酒者及服用药物（如避孕药、抗肿瘤药）者，都容易引起叶酸缺乏。

摄取方法

中国营养学会推荐成人每天摄取400微克叶酸，上限是1000微克。只要早餐能喝250毫升的柳橙汁加1 杯燕麦粥，就能确保摄取到一半的需要量。不过，孕妇如果只从饮食中摄取，摄取量可能会不足，建议从保健食品或非处方药品中摄取。

相关病症

不孕症
心脏病
肺癌、直肠癌、子宫颈癌
口腔炎、舌炎

作为抗氧化剂

维生素C

抗氧化、增强抵抗力的维生素

对身体的益处

维生素是帮助机体正常运转，调节身体生理功能所不可缺少的。维生素C与细胞间胶原蛋白的正常生长及维持有密切关系。一旦缺乏，则血管、黏膜及

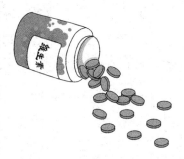

皮肤等细胞间的结合会松弛，并出现易出血或皮肤失去光泽等症状。维生素C还能破坏病毒的核酸，促进人体制造攻击病毒的干扰素，提高机体免疫力，这种干扰素同时也是癌症及病毒性肝炎的治疗药。此外，维生素C还能通过自身的抗氧化作用，防止胆固醇的升高，延缓老化。由于其能促进铁质、钙质的吸收，因而具有改善贫血、治疗骨质疏松症的作用。维生素C与抗压力激素，即肾上腺皮质激素的生成也有关，能为我们打造一个不被压力击倒的身体。

富含食物

维生素C主要存在于新鲜的蔬菜、水果中，除了柑橘类之外，凤梨、草莓、猕猴桃、沙棘果等水果，菜花、青椒等蔬菜中也富含维生素C。

缺乏症

维生素C严重摄入不足可患坏血病。早期表现有疲劳、倦怠、皮肤出现瘀点或瘀斑、毛囊过度角化，常出现在臀部及下肢。继而牙龈肿胀出血，机体抵抗力下降，伤口愈合迟缓，关节疼痛及关节腔积液，轻度贫血以及多疑、抑郁等神经症状。

摄取方法

中国营养学会每日标准推荐摄取量约为100mg。由于维生素C会在摄取后2～3小时内排泄掉，因此可以将一天的摄取量分次摄取。经常吸烟者建议摄取量为标准推荐量的2～3倍，可利用保健食品进行补充。此外，如果与维生素E一同摄取，则由于水溶性的维生素C及脂溶性的维生素E会各自发挥作用，因而更能

相关病症

易感冒　　压力大
贫血　　吸烟量过多
黑斑、雀斑　　癌症
等肌肤困扰

提高抗氧化能力，起到预防癌症的作用。

由于维生素C无法在体内储存，因此很容易缺乏。但是摄取过量也会有腹泻、呕吐及尿频症状。维生素C一过性摄入过量虽然不会对人体产生重大影响，但如果要增加摄取量，仍然建议慢慢增加。

维生素 E

抗氧化作用、防止老化

对身体的益处

人体中最容易被氧化或者处于被氧化危险的是生物膜，以及构成细胞膜结构的不饱和脂肪酸。如果这两者发生氧化，就会增加过氧化脂质，引起老化现象，并容易产生异常细胞而引发疾病。维生素E能够对细胞产生保护作用，防止氧化的发生。40岁以后，人体血中过氧化脂质的数量会急速增加，因此建议40岁以上的人，应保持维生素E的充足摄取。

此外，维生素E还能保持血管健康。当血中胆固醇发生氧化，氧化物质会附着在血管壁，长期如此将造成血流不畅，引起动脉粥样硬化。维生素E具有抗氧化作用，除了能保持血管健康，让血液在血管内流通顺畅外，还能清扫血管，将俗称的"坏胆固醇"排出体外，并且提高"好胆固醇"（高密度脂蛋白胆固醇）的水平。

维生素E对女性也很有帮助，因为维生素E与雌激素及雄激素中类固醇激素的代谢密切相关。有研究报告显示，治疗不孕症时若能以维生素E与促排卵剂共同应用，则可提高怀孕概率。这是因为胎盘中会产生一种特殊的蛋白质来帮助受孕，而维生素E能促进这种蛋白质生成，这也是为什么维生素E又称为生育酚的原因。另外，更年期时由于体内维生素E的浓度会降低，此时，增加摄取有助于减轻更年期综合征的症状。男性也可多摄取维生素E，增加精子数量、防止精子活动力衰退。根据最近公布的研究报告，大量服用维生素E还可以抑制阿尔茨海默病（老年性痴呆）的恶化。

维生素E还可以促进蛋白质更新合成，再加上清除自由基的能力，便可促进人体正常新陈代谢，增强机体耐力，维持骨骼肌、心肌、平滑肌、外周血管系统、中枢神经系统及视网膜的正常结构和功能。

此外，维生素E还能使末梢毛细血管血流通畅并增强新陈代谢，有虚寒证、肩膀酸痛及肌肤粗糙问题的人可多多补充。最近，添加维生素E的化妆品越来越多，由此也可知其魅力。

富含食物

维生素E含量丰富的食物有：植物油、麦胚、坚果、种子类、豆类及其他谷类；蛋类、绿叶蔬菜中含有一定量；肉、鱼类食物、水果及其他蔬菜中含量相对少。

缺乏症

长期缺乏维生素E的人血浆中的维生素E浓度会降低，红细胞膜会受损，红细胞寿命会缩短，以致出现溶血性贫血。低维生素E营养状况可能增加动脉粥样硬化、癌（如肺癌、乳腺癌）、白内障等病变的危险性。

维生素E在自然界中分布甚广，一般情况下不致缺乏。

摄取方法

维生素E的保健食品有天然型与合成型两种，人体对天然型维生素E的吸收及反应更佳。

在脂溶性维生素中，维生素E的毒性相对较小。在动物实验中，大剂量维生素E可抑制生长，干扰甲状腺功能及促进血液凝固，使肝中脂类增加。有证据表明，长期每天摄入600毫克以上的维生素E，有可能出现视觉模糊和极度疲乏等中毒症状。

相关病症

动脉粥样硬化
虚寒证
更年期综合征
不孕症

类胡萝卜素

动植物中的色素成分，具有很强的抗氧化能力

动植物中所含有的黄色及红色色素成分中，属于脂溶性，带有类似β-胡萝卜素结构的物质，统称为类胡萝卜素。类胡萝卜素有600种以上，共同特征是具有抗氧化能力。其中被归类为胡萝卜素的有α-胡萝卜素、β-胡萝卜素、γ-胡萝卜素等。除去茄红素等，大约有50种类胡萝卜素可在人体内被转化成维生素A，是维生素A的前体物质。而类胡萝卜素中的叶黄素、玉米黄素等被归为叶黄素类。

对身体的益处

虾红素、玉米黄素、隐黄素是动植物的红、黄色等色素成分，属于类胡萝卜素，具有强大的抗氧化作用。

虾红素抗氧化能力是维生素E的数百倍，是β-胡萝卜素的数十倍。由于能溶于脂肪，所以能抑制血中携带的俗称"坏胆固醇"的低密度脂蛋白的氧化，保护血管壁。另外，虾红素还能对抗过氧化物中活性最强的单态氧。

玉米黄素与同是类胡萝卜素的叶黄素存在于人的视网膜及黄斑部内，能协助去除眼睛中的过氧化物。当眼睛黄斑部的叶黄素及玉米黄素不足时会引起黄斑病变。

隐黄素能够保护细胞，并能强力抑制癌症，因此备受瞩目。

富含食物

β-胡萝卜素是类胡萝卜素中最常见的。大部分β-胡萝卜素会在小肠黏膜中转化为维生素A，并被人体吸收，另一部分则维持β-胡萝卜素的结构储存在脂肪组织里。在胡萝卜、青椒等黄绿色的蔬菜中富含β-胡萝卜素。

虾红素存在于鲑鱼、鲑鱼子、鲷鱼、虾子及螃蟹等红色海鲜类中；玉米黄素只要存在于木瓜、芒果、菠菜中；隐黄素是玉米及柑橘类食物中存在的黄色色素，富含于橘子、橙子及沙田柚中。

摄取方法

人体每天所需的虾红素为3毫克以上，而一块25克的鲑鱼片大约含有0.6 ~ 1毫克的虾红素；玉米黄素的每日需要量约为6毫克，为半把菠菜（60 ~ 80克）中的含量；人体每天对隐黄素的需要量为1 ~ 2毫克。1颗温州橘子（100克）约含有2毫克的隐黄素。

上述成分遇过氧化物，会被氧化，如果能与水溶性的抗氧化成分（比如维生素C）一同摄取，就能恢复其抗氧化能力。特别是含有虾红素的食物，如果加上柠檬汁或萝卜泥，保健效果会更佳。类胡萝卜素单独摄取效果不明显，从各种食物中均衡摄取效果较佳。

相关病症

动脉粥样硬化　　黑斑及皱纹
皮肤老化　　　　癌症
眼部病变

茄红素

西红柿的抗氧化物质

对身体的益处

茄红素是类胡萝卜素的一种，是西红柿中富含的红色色素，越成熟的含量越多，在西瓜及柿子中也含量颇丰。茄红素具有强大的抗氧化能力，其效力是维生素E的100倍，是β-胡萝卜素的2倍以上。

过氧化物是细胞在制造能量时所产生的物质，一旦其含量增加会使细胞发生氧化，身体功能也会随之衰退。比如动脉粥样硬化的产生原因之一，就是俗称"坏胆固醇"的低密度脂蛋白胆固醇受过氧化物氧化后，堆积在血管壁内所引起的。而茄红素便能去除过氧化物，预防动脉粥样硬化。

另外，皮肤里的茄红素能保护肌肤，预防肌肤因紫外线照射伤害而形成黑斑及皱纹，也能帮助预防皮肤癌发生。人体中富含茄红素的部分是前列腺，有临床实验的报告显示，只要摄取充足的茄红素，便可预防前列腺癌的发生。其实，不光是前列腺癌，像胃癌、肺癌、子宫颈癌等其他部位的肿瘤，长期服用茄红素，都能抑制癌细胞的增生及繁殖。

此外，茄红素对过氧化物所引起的视觉功能下降也有效果。摄取叶黄素能够预防因年龄增加而引起的视觉障碍，如果与茄红素一同摄取，则叶黄素的保健作用将更加显著。

摄取方法

西红柿里的茄红素量按照成熟度而有很大不同。比如全熟的西红柿1千克大约含有50毫克茄红素，但未成熟的西红柿1千克中却只含5毫克茄红素。由于茄红素遇热也不易被破坏，加工品中也能摄取到很多。因此，要有效地摄取茄红素，建议可食用西红柿汁、西红柿酱、西红柿罐头等全熟的西红柿加工品。

每天人体对茄红素的需要量约为15毫克，即2个西红柿的量。若是西红柿汁，则1罐就足够了。不过如果是吸烟者或是面临压力较大的人，则可以多摄取一些。

相关病症

动脉粥样硬化
黑斑及皱纹
癌症
因老化引起的视觉障碍

多酚

抗氧化、抗衰老

多酚是一类化学物质的总称，种类有4000种以上。每种多酚物质都有各自的功效，共同的功能是抗氧化和去除过氧化物，能够预防癌症及老化。多酚还能防止血中"坏胆固醇"的氧化，阻止其囤积在血管壁上并减少血小板凝集，保护血管弹性，因此，能预防高胆固醇血症。更可改善静脉曲张、下肢肿胀，预防心脏病复发。当摄取含多酚的食品时，如果能同时摄取有抗氧化作用的维生素C、维生素E、β-胡萝卜素等物质，则效果更好。多酚还能保护肌肤免于紫外线的损伤，预防胶原纤维及弹性纤维的退化，避免皮肤下垂、皱纹产生及皮肤色素氧化沉淀。

富含食物

花青素：属多酚类的一种色素，富含于红葡萄酒的原料，即葡萄皮里。红葡萄酒除多酚外，还含有单宁酸及儿茶酚胺等物质，这些物质使葡萄酒具有强大的抗氧化能力。此外，蓝莓、小红莓及松树皮中均含有丰富的花青素。

可可亚多酚：存在于可可及巧克力中，可抑制过氧化物，调节血小板的活化，对调节某些人体激素间的平衡有作用，并可预防酒精性胃黏膜障碍，保护胃黏膜，预防胃溃疡等疾病。

乌龙茶多酚：乌龙茶在发酵的过程中会产生乌龙茶多酚，此物质有消耗体内多余热量，促进脂肪燃烧，降低血中胆固醇的效果。可作抗龋齿胶姆糖和糖果的原料用。

番石榴叶多酚：番石榴叶里的成分，可阻碍活性酶，并因此而阻碍糖类食物转换为葡

相关病症

动脉粥样硬化　　高脂血症
脑血栓　　　　　癌症
高胆固醇血症

萄糖的过程，能控制血糖值的上升。

绿原酸（咖啡单宁酸）：可在苹果、马铃薯及番薯的皮及咖啡中摄取到，对预防癌症、延缓脂肪吸收、阻碍脂肪分解酶的活性、燃烧脂肪均有效果。

此外，大豆类里的异黄酮及皂苷、绿茶里的儿茶酚胺及单宁酸、荞麦面里的芸香苷都属多酚类。

类黄酮

抗氧化的黄酮类物质

对身体的益处

类黄酮是拥有相似化学构造的黄酮类物质的总称，富含于植物的叶、茎、根中，目前已发现约有4000种以上。其因构造不同而分黄酮醇类、黄酮类、儿茶素类、花青素类、黄烷酮类、异黄酮类等，有强大抗氧化作用，有些成分还有抗癌作用，并且能促进血液循环、抑制血压上升、保护毛细血管使其通畅。

富含食物

黄酮醇类：洋葱中的槲皮素、荞麦中的芸香苷等皆属此类，与苹果、甘蓝、杨梅中的杨梅黄酮及酚类等成分都能调节血液循环。

黄酮类：西芹苷类的芹菜酯及配质型芹菜素等有镇静作用；紫苏的苜蓿草素则有抗过敏作用。

儿茶素类：为绿茶及红茶苦味成分，具有抗氧化作用。

黄烷酮类：是柑橘类特有的成分，包含橙皮苷、柚苷素、柚苷等能强化毛细血管、抑制组胺释放、舒缓过敏症状。

花青素类：从紫青到紫色的植物色素，富含于蓝莓、葡萄或黑豆中，存在于视网膜，能帮助视紫红质生成、保护眼睛远离氧自由基，并抑制血压上升、预防动脉粥样硬化。

异黄酮类：含有与女性激素类似功能的金雀异黄酮、黄豆素等，富含于大豆及其制品中，能舒缓更年期不适及预防骨质疏松症等。

相关病症

动脉粥样硬化
高血压
骨质疏松症
过敏症状

异黄酮

有弱雌激素作用

对身体的益处

异黄酮富含于大豆发芽部分的"胚芽"里，是植物性多酚类物质的一种，在化学构造上与人体雌激素十分相似，故被称为"植物性雌激素"。这种植物性雌激素在人体内可以起到类似雌激素的作用，但生物效应大大弱于真正的雌激素，其效能是雌激素的千分之一到万分之一。

雌激素能调节女性正常生理、保持女性的美丽体型与细嫩的肌肤，还能有效抑制骨骼内钙的流失、防止动脉硬化及高胆固醇血症。异黄酮也有相似的功能。当体内雌激素过多时，雌激素的受体会与异黄酮结合，成为抑制雌激素的物质，所以有人认为异黄酮具有双向调节作用。另外，异黄酮的抗氧化作用可以减少血脂沉积在血管壁上，从而达到防止动脉硬化发生的效果。

雌激素与更年期综合征有极大关联，一旦雌激素缺少，则会出现焦躁、头晕及头痛、失眠等症状。而异黄酮能代替雌激素，除了能减轻更年期症状外，还能抑制因雌激素过多而增加的乳腺癌、宫颈癌的发病概率。

研究发现，异黄酮可以抑制促使男性睾酮与前列腺细胞结合的酶的活性，降低前列腺肥大及癌变的发生率。因此，进入中老年期的男性也可以补充异黄酮。

摄取方法

如果想预防骨骼疏松症，应在进入更年期前积极食用大豆等食物，保证异黄酮的摄取。含异黄酮的保健食品以大豆为原料会标示为"大豆异黄酮"，另外还含有能缓解更年期特有症状的升麻等，一般还会配合其他功能成分做成复合式保健商品。不同产品的大豆异黄酮比例不尽相同，因此应该仔细确认标示后再行购买。异黄酮每天的建议摄取量约为40毫克。

相关病症

更年期综合征
癌症
动脉粥样硬化

儿茶素

绿茶中富含的抗菌、抗氧化物质

对身体的益处

儿茶素是红茶、绿茶中苦涩味道的来源，是多酚类物质的一种。在茶类食物中以绿茶的含量最多，其所含的儿茶素有表儿茶素、表没食子儿茶素、儿茶素没食子酸酯及表没食子儿茶素没食子酸酯等4种。其中以没食子酸酯含量最多，占整体的一半。顺便说一下，日照的时间越长，茶中儿茶素含量就越多。玉露茶比较甜的原因是当茶芽生长时被覆盖住，因此日照时间较短，而使带有苦涩味的儿茶素含量比较少。

儿茶素的保健功效首先就是抗菌及除臭，吃完日本寿司后喝绿茶也是为了将生食上携带的细菌杀灭。儿茶素的抗菌能力对抑制病毒也很有效，所以常喝绿茶也能预防感冒。

儿茶素最值得注意的保健功效是其强大的抗氧化作用。与抗氧化作用强大的维生素E相比，儿茶素去除过氧化物的能力约高出20倍，同时绿茶本身所含的维生素C及部分咖啡因让其抗氧化能力更强。

有研究显示，健康人每日摄取500毫克儿茶素类，经3个月测定其饮食前后的血压，发现摄取后的扩张压与收缩压都显著下降。因此证明长期摄取儿茶素类有抑制血压上升的功用。儿茶素类对部分糖分解酶有抑制作用，因此当人体摄取糖类时能抑制糖类的分解，降低血糖。

很多研究报告显示茶提取液或茶多酚有抗癌及抗突变的活性，但其作用原理都仅限于推论阶段。

摄取方法

最能让儿茶素有效溶入水中的方法，就是用温水泡10～15克的绿茶约1分钟。如果用热水泡，会让咖啡因一起释放出来，而增加茶的苦味。儿茶素若与铁一同摄取，则会影响后者的吸收，因此最好不要一同摄取。另外，第二次泡的绿茶所含的儿茶素会比第一泡多。

相关病症

动脉粥样硬化

糖尿病

高血压病

蛀牙及口臭

辅酶 Q_{10}

协助制造保持活力所需的热量

对身体的益处

辅酶Q_{10}（Ubiquitous）又名泛醌，有"存在于所有细胞内"之意，在人出生后就需要一辈子工作的心脏中含量最高。辅酶Q_{10}原本能在体内制造，但随着年龄的增加含量逐渐减少。辅酶Q_{10}还会因为外界压力及偏食等原因而缺乏。缺乏辅酶Q_{10}会降低人体制造热量的能力，出现肌肤老化、免疫力降低、容易疲劳、肩膀酸痛及怕冷等症状。

辅酶Q_{10}可驱动人体细胞产生能量，尤其可强化心脏功能，缓解缺氧状况。它还是细胞自身产生的天然抗氧化剂，是制造胶原蛋白、透明质酸等的动力来源，可保持肌肤的细嫩，因此具有一定的美容作用。

辅酶Q_{10}是脂溶性的苯二酚，其组织结构与维生素K相似。单独服用辅酶Q_{10}或与维生素E一起服用，会产生很强力的抗氧化剂。它在强化身体制造能量（ATP）的循环过程中扮演很重要的功能。

体内具有足够含量的辅酶Q_{10}是确保肌肉正常功能的重要因素。很多过重的人，体内的辅酶Q_{10}含量不足，如服用辅酶Q_{10}就能加速脂肪的新陈代谢，从而减轻体重。

富含食物

辅酶Q_{10}存在于菠菜、花椰菜、坚果、肉和鱼类中。在动物心脏、肺脏、肝脏、肾脏、脾脏、胰脏和肾上腺中的含量特别多。

摄取方法

辅酶Q_{10}的每天需要量约为60～100毫克，纯素食者、压力较大人群及有心脏问题的中老年人单纯从食物中摄取可能难以充分补给人体所需，也可利用保健食品有效补充。

相关病症

心脏疾病
动脉粥样硬化
皮肤衰老
肥胖

硒

抗氧化、延缓衰老

对身体的益处

硒是由于其抗氧化作用而受到瞩目的矿物质，缺乏硒时，可能会出现高胆固醇血症、疲劳感、肝脏疾病及心脏病，也会因导致免疫系统受抑制，而易罹患感染性疾病或癌症。引起以上这些病症的原因之一就是过氧化物。人体在正常生理代谢过程中，总是受到过氧化物的攻击。例如，不饱和脂肪酸是构成细胞膜的重要元素，但如果氧化，就会变成过氧化脂质，并且会产生连锁反应，导致其他不饱和脂肪酸也转变成过氧化脂质，造成细胞老化。相应的，在人体内也拥有保护身体免于受过氧化物侵害的一整套系统，比如能分解过氧化脂质的酶—谷胱甘肽过氧化物酶，而硒就是此酶的重要成分，因此，摄取硒能够强化抗氧化酶的功效，缓解由于过氧化物而引起的症状。

此外，前列腺素能调节血压，而硒是其制造过程中不可缺少的矿物质。补充硒还能延缓细胞老化，预防动脉粥样硬化、糖尿病及白内障，还能够预防肝病及心脏病的发生。

硒还有促进生长、保护视觉器官以及抗肿瘤的作用。已有实验表明硒是生长繁殖所必需，缺硒可致生长迟缓。给白内障患者及糖尿病性失明者补充硒后，发现视觉功能有所改善。调查发现，硒缺乏地区肿瘤发病率明显较高，胃癌发病与缺硒有关。

富含食物

竹甲鱼、沙丁鱼等鱼类、动物内脏、肉类与蔬菜中都含有丰富的硒，不过，植物中硒含量会因土壤中硒含量的多少而相差悬殊。

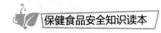

缺乏症

最有名的硒缺乏症就是克山病。我国中部部分内陆地区的土壤中含硒较少，因此所种植的农作物中含硒量也较少，长期食用致硒的摄入不足，其易感人群为2～6岁的儿童和育龄妇女，主要症状为心脏扩大、心功能失代偿、心力衰竭或心源性休克、心律失常、心动过速或过缓等。此外，缺硒与大骨节病也有关，用亚硒酸钠与维生素E治疗儿童早期大骨节病有显著疗效。

摄取方法

中国营养学会推荐成年人每天摄入硒60微克。如果与有抗氧化作用的维生素E一同摄取，效果更佳。

相关病症

肝功能障碍
糖尿病
白内障
动脉粥样硬化
癌症

硒摄入过多可致中毒。每天硒的摄取上限是400微克，摄取过量会出现皮肤干燥、脱发、消化不良、呕吐、肢端麻木、抽搐甚至偏瘫等症状。我国湖北恩施县的地方性硒中毒，与当地水土中硒含量过高，致粮食、蔬菜、水果中含硒过高有关。当地土壤和水中缺乏硒的人群可通过选用部分富硒食品来补充。

 # 调节肠道健康

乳酸菌

调节肠道菌群，解决肠胃问题

对身体的益处

乳酸菌是能将糖类分解生成乳酸的细菌的总称。通常根据细菌的形状区分种类，球状乳酸菌称为乳酸球菌，棒状乳酸菌称为乳酸杆菌。不论有无氧气参与，都能繁殖的是乳酸球菌及乳酸杆菌，另外一类叫双歧杆菌的乳酸菌，在有氧气的地方几乎无法繁殖。乳酸菌还可分为能够生存在肠内的和无法生存在肠内的两类。选择食用乳酸菌时，以能活着到达肠内的乳酸菌，即双歧杆菌效果更佳。

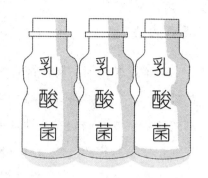

　　人体大肠内居住着500种以上，约数千亿个细菌。有的细菌会给人体带来好的作用，有的细菌则会带来坏的影响，有的细菌既有好的作用也有坏的影响。按照对人体的不同影响，我们分别称其为益生菌、有害菌及中间菌群。益生菌的代表是双歧杆菌。在刚出生的婴儿体内，益生菌约占肠内细菌的90%以上，随着年龄增大，益生菌逐渐减少，而有害菌及中间菌会逐渐增加。成年人体内的益生菌占10%～20%。伴随着衰老，益生菌的比例会进一步减少，肠内细菌的平衡也易被破坏。此时，如果能让益生菌在肠道内的数量增加，有害菌就没有生存空间，这样，就可以降低有害菌产生的毒害作用。益生菌除了清理整顿肠内环境外，还能帮助提高肝脏的解毒功能。此外，乳酸菌在体内制造的乳酸等有机酸，可促进铁质等营养素吸收，还能酸化肠内环境，预防病原菌的繁殖。双歧杆菌在乳制品发酵过程中可以产生乳糖酶，帮助患者消化乳糖；在人体肠内发酵后可产生乳酸和醋酸，能提高钙、磷、铁的利用率，促进铁和维生素D的吸收。双歧杆菌发酵乳糖产生半乳糖，是构成脑神经系统中脑苷脂的成分，与婴儿出生后脑的迅速生长有密切关系。双歧杆菌可以产生维生素（B_1、B_2、B_6、B_{12}）及丙氨酸、缬氨酸、天冬氨酸和苏氨酸等人体必需的营养物质，对于人体具有不容忽视的重要营养作用。

　　双歧杆菌对于经常或大量使用抗生素的人很有帮助。抗生素虽然能击退体内病原菌，但同时也会连肠内的益生菌一并清除干净，这样带来的危害就是使肠内的有害菌群暴增，造成腹泻或皮肤疾病。所以，有些医院会在为患者开抗生素时添加乳酸菌以抑制这些副作用。

摄取方法

小孩及老年人的肠内菌群平衡特别容易被破坏，所以要经常补充益生菌。富含益生菌的食物主要是酸奶、活性乳酸菌饮料等。目前市面上所售的乳酸饮料虽然含有乳酸菌等益生菌，但同时含有许多糖分，容易引起超重或龋齿，因此在摄取时应多加注意，不要摄入过多。

相关病症

便秘、腹泻
癌症
肝功能受损

膳食纤维

培育肠内乳酸菌，帮助排便顺畅

对身体的益处

膳食纤维是人体消化酶难以消化的食品中成分的总称，仅次于六大营养素的第七大营养素。在近年的保健浪潮中，膳食纤维的地位越来越高，其保健功能正日益受到重视。膳食纤维以植物细胞的构成成分为主，也有部分动物性成分。根据是否溶于水，大致分为非水溶性膳食纤维和水溶性膳食纤维两种，如果正确应用，可防治便秘、肥胖、大肠癌等。

膳食纤维在胃部吸水膨胀后，体积增大，使人产生饱腹感，因而食欲下降，饭量减少，有利于控制体重。膳食纤维进入肠道以后，还可以有效阻止肠道对脂肪、蛋白质、胆固醇等的吸收，食物中的膳食纤维越多，这种抑制吸收的减肥降脂作用越明显。膳食纤维不但能减少脂肪、胆固醇的吸收，还可以控制食物中糖的吸收速度，是一种天然的"碳水化合物阻滞剂"。

膳食纤维可有效缩短致癌物质或毒素在肠道内的停留时间，加快其排出速度，清洁肠道，防治肠癌。膳食纤维的增容作用能对大肠产生机械性刺激，促进肠蠕动，使大便变软，易于排出，治疗便秘而无明显的副作用。同时，痔疮是因为大便秘结而使肛周血液受阻，长期阻滞与淤积所引起的。由于膳食纤维具有良好的通便作用，可降低肛门周围的压力，使血流通畅，从而起到防治痔疮的作用。

不论男性还是女性，体内都能自动分泌雌激素，而食物膳食纤维中却含有我们需要的天然植物雌激素。研究表明，植物雌激素可预防乳腺癌、结肠癌、前列腺癌等的发生，还能显著降低总胆固醇和低密度脂蛋白胆固醇的水平，预防高脂血症。

胆结石的形成与胆汁中胆固醇含量过高有关，而膳食纤维与胆固醇结合，促进胆汁的分泌、排泄，因而可预防胆结石的形成。有相关研究显示，每天给胆结石患者增加20～30克的谷物纤维摄入，1个月后即发现胆结石缩小。

由于现代人的食物越来越精，使用口腔牙齿、面部肌肉的机会越来越少，因此，牙齿脱落、龋齿出现的情况越来越多。而膳食中的膳食纤维增加了咀嚼的机会，使牙齿和肌肉得到保健，功能得以改善。

富含食物

非水溶性膳食纤维主要存在于蔬菜、谷类、豆类、小麦麸皮、未熟的水果、蘑菇类等食物中。

水溶性膳食纤维主要存在于成熟的水果中。

摄取方法

最新研究表明，高膳食纤维饮食有助于糖尿病患者控制血糖，而低膳食纤维饮食会使血糖迅速上升，然后突然下降，造成血糖的异常波动，易发生头痛、饥饿、烦躁等症状，对患

相关病症

便秘　　　糖尿病
癌症　　　肾结石
肥胖

者病情非常不利。

如果通过保健食品来补充膳食纤维，却并未摄取充足的水分，反而容易便秘。摄入过量的膳食纤维也可能会阻碍矿物质及脂溶性维生素的吸收。此外，同时摄取药物或保健食品，应错开时间。

一次性大量摄取膳食纤维时，肚子可能会咕噜咕噜叫，并且会产气，所以，应慢慢增加分量。最好以每摄取1000千卡的热量摄取10克膳食纤维为标准（成人每天摄取以20~25克为宜）。如果不是以粗粮（糙米、全麦面包及意大利面）为主食，则应以保健食品补充。

具有整肠作用，是健康的甜味剂

对身体的益处

寡糖的寡是"少或低"的意思，是指由2个或少数单糖（比如葡萄糖或果糖等）结合而成的物质。其中的低聚果糖是不会造成蛀牙的甜味剂，近期的研究发现，它还能促进双歧杆菌增殖，是能够改善肠内菌群的功能性成分，也因此而更受瞩目。此外，大豆寡糖及低聚乳果糖等，如果没被消化而能到达大肠的话，也会成为双歧杆菌的营养成分，能帮助改善肠内菌群，维持肠道中菌群平衡。

便秘的预防在于保持肠内理想的双歧杆菌数量，而双歧杆菌的活力来源就是寡糖，因此寡糖对防治便秘有较好的效果。双歧杆菌还会刺激免疫细胞来增强身体的免疫力，所以摄取寡糖的同时，人体抵抗

相关病症

便秘
口臭
肥胖
蛀牙

力也跟着增强了。另外，口臭与便秘也有很大的关系，若摄取足够的寡糖，还可以预防口臭。

当摄取寡糖致双歧杆菌增加时，食物就能快速通过肠道，人体对胆固醇的吸收量就会相对下降，且顺利排出体外，故多摄取寡糖可有效降低体内胆固醇。

寡糖具有与膳食纤维相似的功能，热量极低，不会造成肥胖，也不会引起蛀牙，对于血糖也不会有太大的影响，且甜度只有蔗糖的1/3 ~ 1/2，因此有一定的减肥功效。

 ## 调节脂肪代谢和糖代谢

燃烧脂肪的必需成分

对身体的益处

肉碱是脂质代谢为热量时所不可缺少的物质，它最大的作用就是活化存在于肩胛骨、颈部及腋下等处的褐色脂肪细胞，制造脂酶，而脂酶能够分解脂质，生成易转换为热量的游离脂肪酸。

脂肪细胞分为可储存体内脂肪的白色脂肪细胞，以及能将多余的食物热量转换为能量释放出去的褐色脂肪细胞。在分解脂质时，不可缺少的就是褐色脂肪细胞的脂酶。但不幸的是，褐色脂肪细胞从进入成长期后就逐渐减少。人体刚出生时体内的褐色脂肪细胞约有100克，而

到了成年只剩下约40克。这也是为什么人到中年容易发胖的原因之一。此时，让活力减弱的褐色脂肪细胞恢复活力主要靠肉碱发挥作用。

肉碱的另外一个重要作用，就是有效地将游离脂肪酸搬运到肌肉细胞内的线粒体中。因为线粒体的构造是双层的，因此，游离脂肪酸必须通过线粒体的双层膜才能进入内部，这时就需要肉碱来帮忙。

肉碱的抗氧化作用目前也受到关注。它对降低血脂、"坏胆固醇"，以及防止肝脏与心脏内脂质的堆积都很有效。此外，慢性发胖、耐力下降、容易疲劳等症状，都可能是摄入肉碱不足所引起的。

一般从日常饮食中就能摄取到肉碱。此外，在赖氨酸及甲硫氨酸这两种氨基酸的帮助下，它也能够在肝脏及肾脏内合成。

摄取方法

肉碱富含于动物肌肉的蛋白质中，特别是羊肉里。因此，虽然羊肉有膻味，如果能够耐受，最好不排斥它，因为吃羊肉是最能补充肉碱的。

在一般的健康成人中，目前还没有发现因为膳食肉碱摄入不足而直接导致的组织肉碱缺乏及由其引起的代谢紊乱。尽管素食者摄入肉碱量远低于杂食者，但素食者中并没有发现肉碱缺乏症，表明肉碱的内源性合成还是能够满足健康成人需要的。但是，慢性肾衰及透析患者容易出现肉碱代谢异常,这也成为导致继发性肉碱缺乏的常见原因之一。由于肾功能衰竭,肾脏对肉碱的合成下降。同时在血液透析治疗过程中还会导致肉碱经透析液丢失。虽然单次透析丢失量并不算多，但长期透析则会累积丢失，导致患者血浆肉碱水平大大下降。此类人群可以考虑补充肉碱。

相关病症

血液透析所致肥胖
疲劳

辣椒素

促进激素分泌，分解体内脂肪

对身体的益处

辣椒子的辛辣成分为辣椒素，最近在市场上出现了加入辣椒子萃取物的营养补充饮料，其中对于减肥有效的辛辣成分也正引起各界的关注。辣椒素是含在辣椒子及部分雌蕊中的辛辣成分，进入人体后会在肾上腺皮质产生作用，使肾上腺素和去甲肾上腺素等激素分泌旺盛。辣椒素能够活化热能代谢，促进肝脏及肌肉中的糖原分解，加上可燃烧体内的脂肪，所以能够发挥减肥功效。在食用辣椒后，身体开始发热、流汗，就是因为辣椒素的作用。虽然不能过量摄取，不过它的确有使人不易肥胖的功效。此外，它可使皮肤温度上升、促进血液循环，因此能够改善肩膀酸痛及手足冰冷的症状；还可以提高心脏功能，对血压上升也有抑制作用。对于糖尿病方面，辣椒素并没有直接降糖的作用，而是借助减肥来改善糖尿病的症状，因此可以当作辅助性的改善方法。

作为药物，辣椒素对带状疱疹后遗神经痛、风湿性关节炎、骨关节炎等的临床疗效已获得充分肯定。

辣椒素还具有脱敏作用，能损毁初级感觉传入神经中的C纤维，因此辣椒素已被用于治疗各种神经源性疼痛及相关症状。辣椒素还可使患者膀胱内神经纤维密度减少，从而得到了较长时间的症状缓解。

摄取方法

在我国，尤其是西南、西北地区长久以来将辣椒作为餐桌必备食物，其中辣椒素具有较强的杀菌作、防潮湿作用。将辣椒贴在米缸的盖子上能够防虫。

烹调时将大蒜和辣椒一起使用，共同促进血液循环能够将体内老旧的代谢废物排出，对于消除疲劳有很大功效。

随着川菜的流行，餐桌上的辣椒越来越多，但需注意不要吃得过辣或大量摄入，否则可能会影响正常的胃肠功能。

相关病症

肥胖	肩膀酸痛
食欲不振	疲劳
虚寒证	糖尿病

铬

能活化胰岛素的矿物质

对身体的益处

铬（Cr）存在于肝脏、肾脏、血液及脾脏内，是胰脏分泌胰岛素时所需要的微量矿物质。当吸收入人体内的糖类分解为葡萄糖，并从小肠吸收，使血液中的血糖值上升时，胰脏就会分泌胰岛素，使这些糖进入细胞中被代谢掉。但如果胰岛素分泌不足，则血液中的糖分就不能进入细胞，从而不能被代谢，堆积在血液中的糖分导致血糖升高，损害人体健康。而铬能够活化胰岛素功能，帮助血液中的葡萄糖被肌肉细胞有效摄取，因此一旦缺乏，就会使胰岛素无法活化，因而使糖类无法顺利代谢掉，导致血糖和血脂升高，或出现易疲劳等类似糖尿病的症状。如果不正视这些症状，则可能引起糖尿病或动脉粥样硬化。

此外铬还能促进脂质代谢，有些研究报告显示补铬后"好胆固醇"的浓度增加；而对于血脂高的患者在补铬后可使血清总

胆固醇和"坏胆固醇"下降。

铬还可以使DNA、RNA合成增强，与调节细胞的生长有关。

富含食物

从谷类、肉类、鱼类、贝类、豆类、坚果、蘑菇等食物中都能摄取到铬；啤酒酵母及畜类肝脏中铬含量高。经加工精制后全谷类食物中铬含量明显降低。

摄取方法

中国营养学会推荐每天适宜摄入量为30微克。我们从日常饮食中可摄取到足够的量。但若糖类摄取量过多，胰岛素的分泌也会随之增加，人体对铬的消耗量也会随之增加，因而容易导致不足，应多加注意。铬如果能与糖类代谢时所需的维生素B$_1$一起摄取，则效果更佳。

相关病症

糖尿病
动脉粥样硬化

正在服用降糖药物的糖尿病患者，如果摄取过量的铬，容易发生低血糖。研究报告显示，过多的铬还会引起肾功能障碍。如果用保健食品补充，注意不要超量。

木瓜酶

帮助消化的万能酶

对身体的益处

木瓜是原产于中、南美洲的热带植物，目前，在我国海南等地也大量栽培。其果实中富含维生素C，还含有对消除疲劳极有效果的柠檬酸、苹果酸等多种营养成分。另外，在木瓜中含有木瓜凝乳蛋白酶、蛋白酶、木瓜酶等消化酶。其中，最具代表性的是作为蛋白质分解酶的木瓜酶。当您用刀划开青木瓜的外皮时，流出的乳液中就含有大量木瓜酶。

木瓜酶同时具有脂肪酶、淀粉酶、蛋白酶的功能，能够缓解消化不良或肠胃不适等症状，还具有保护胃肠黏膜的功能。木瓜酶还能分解产生疼痛感觉的组胺，起到舒缓疼痛的作用。由于在抗菌、抗炎症方面极佳的作用，它还被当作外伤或烫伤时的外用药物来使用。此外，木瓜酶还能舒缓过敏反应的症状，对过敏性疾病也具有效果。木瓜酶可以把食物中一部分蛋白质分解成肽或氨基酸，从而减少过敏的发生。另外，体外分解的蛋白质也更加容易被消化吸收。

化妆品中加入木瓜酶还能促进肌肤代谢，帮助溶解毛孔中堆积的皮脂及老化角质，让肌肤更光滑、更细致，因此很多净化洁面凝胶都含有木瓜酶的成分。木瓜酶在除去角化蛋白的同时，还能抑制黑色素细胞生成和酪氨酸酶的激活作用，补充肌肤所需的大量水分及养分，保持肌肤白皙柔嫩。

摄取方法

青木瓜的木瓜酶功效较强。木瓜的果实可在超市买到。黄色成熟果实中木瓜酶的功效较差。如果将青木瓜当作蔬菜炒熟食用，或作为肉类加工的配菜，可因木瓜酶的作用促进消化。木瓜类保健食品有从青木瓜果实及其树干取得的乳汁萃取物及干燥后制成的粉末。

相关病症

胃肠不适
糖尿病
高血压
过敏性疾病

 调节血脂水平

EPA、DHA

预防动脉粥样硬化

对身体的益处

EPA（二十碳五烯酸）、DHA（二十二碳六烯酸）是ω–3系列的多不饱和脂肪酸，在鱼类体内含量丰富，由于富含的不饱和脂肪酸能在低温下保持液态，因此，只要没降到零下45℃以下，鱼体内的脂质就不会凝固。比较起来，大部分动物性脂肪里的饱和脂肪酸较易凝固。据统计，喜欢吃鱼类及海豹的因纽特人患心肌梗死的比例明显偏低，而且几乎没有动脉粥样硬化的病例。此外，EPA、DHA也能抑制与脂肪酸合成有关的酶的功能，还能促使体内的胆固醇、甘油三酯被运送至肝脏中消化，再与胆汁结合而随粪便排出，以降低全身血管内的脂质含量，进而降低脂肪乳糜沉淀在血管壁而造成动脉硬化的机会。因而，EPA及DHA对血脂及花生四烯酸的降低作用极其明显，能够预防脑血管障碍及缺血性心脏病等疾病。心脏病和脑中风与高血压及动脉粥样硬化有密切的关系。为了预防这些疾病，以海鱼为主的日式饮食正受到大众瞩目。

另外，大脑中存在大量的DHA，特别是脑神经的突触部分。DHA与神经传导有重要关联，是维持大脑功能的重要成分。脑部与记忆学习能力相关的称为

"海马体"的部分含有DHA较多，DHA含量越多，则学习记忆能力越强。植物油中的α–次亚麻酸也能在体内转换为EPA，EPA再经过生化反应转化为DHA。

富含食物

EPA和DHA富含于沙丁鱼、带鱼、鱿鱼及金枪鱼等我们熟悉的鱼类及海藻类食物里。

摄取方法

摄取过量的EPA可能会使血液不易凝固，容易出血，因此不能过量摄取。但是如果从鱼类等食物中摄取EPA和DHA则不需担心。如果要利用保健食品摄取，就需要确认其所标示的推荐摄取量。此外有外伤或出血性疾病的人不应摄取。

由于EPA及DHA易发生氧化，因此需要与维生素C、维生素E及β–胡萝卜素等有抗氧化作用的成分一同摄取。保健食品在保存时也要注意防止氧化问题，需要密闭避光保存等。

相关病症

动脉粥样硬化

高血压

健忘

疲劳

过敏

植物固醇

有效降低血胆固醇值的天然成分

对身体的益处

植物固醇是存在于水果、蔬菜、植物油、坚果及谷物内的固醇类物质的总称，主要种类有豆固醇、β–谷固醇、菜油固醇等。

许多胆固醇水平高的人即使吃低脂肪的膳食也不能降低血胆固醇的浓度，不得不依赖于降胆固醇药品。人体的胆固醇值即使水平很高，也几乎不会有任何自觉症状。但如果因此置之不理，时间一长则可能会引起动脉粥样硬化，更可能引发心肌梗死及脑出血等严重疾病。

多食含植物固醇的食物会有效地降低血胆固醇值。植物固醇还能降低对食物中胆固醇的吸收率，这是由于植物固醇与胆固醇的构造相似，可以代替胆固醇与胆汁酸结合，最终阻碍胆固醇被吸收，没有被吸收的胆固醇会变成粪便的一部分被排出体外。植物固醇中的 β–谷固醇还能提高人体的免疫力，促进自然杀伤细胞的功能，提高体内细胞杀伤细菌的能力。植物油、谷物和豆类食品、花生等富含的植物固醇，具有预防心脏病及肠癌、前列腺癌和乳腺癌的功效，植物固醇可以通过抑制细胞分裂，改变某些促进肿瘤生长的激素的活动，加速肿瘤细胞的死亡。

富含食物

植物固醇主要来自植物油，在果仁、豆类、种子、壳类、水果和蔬菜中均含有该成分。植物固醇是第一个经过食品标准评定的食品添加剂。

摄取方法

植物固醇不是人体必需的营养物质，但却是有益于健康的食物成分。如果平日经常摄取全谷类、大豆及豆制品、坚果、蘑菇等食物就不易缺乏植物固醇。如果此类食物摄入较少，或患有高胆固醇血症、冠心病等疾病，则可以考虑摄入一些含有植物固醇的保健食物。

该成分可能会降低用来合成维生素A的胡萝卜素的吸收，不利于儿童、孕妇和哺乳期妇女的健康。

相关病症

动脉粥样硬化

癌症

免疫功能

共轭亚油酸

有效预防体内脂肪堆积的不饱和脂肪酸

对身体的益处

共轭亚油酸是不饱和脂肪酸的一种，能防止称为生活习惯病元凶的"肥胖病"的发生。当脂肪在体内消化吸收后，会由一种叫作脂蛋白脂酶的酶帮助储存，被储存的脂肪会由激素敏感性脂酶分解，继而转化成热量。如果激素敏感性脂酶无法发挥功效，脂肪就会愈积愈多，最终导致肥胖。而共轭亚油酸能让激素敏感性脂酶活化。另外，因共轭亚油酸本身能降低血中胆固醇及甘油三酯，进而可改善血液循环与虚寒证，其抗氧化功能能防止血中低密度脂蛋白在血管的沉积，并能抑制过敏反应。

共轭亚油酸还对治疗、预防心脑血管病有特效，它能降低心脑血管病的死亡率，延长人的寿命。

富含食物

天然含有共轭亚油酸的食物很少，这与其产生方法有关。共轭亚油酸主要是脂肪酸在反刍动物的瘤胃中因细菌作用而产生的，所以主要存在于反刍动物的脂肪和乳汁中，如含脂肪的牛肉和牛奶等。

摄取方法

共轭亚油酸能有效将体内脂肪转换为热量，所以在运动前摄取的效果最好。另外食物中能摄取到的共轭亚油酸非常微量，因此利用保健食品摄取会更加有效。

相关病症

肥胖
心脑血管疾病

共轭亚油酸也常存在于牛油或奶油中，不过这些食物摄取过量对身体有害无益，所以需要补充的人群可以考虑适量使用相应的保健食品。

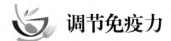 **调节免疫力**

提高免疫功能，抗衰老

对身体的益处

乳清是牛奶被加工制造成奶酪时所产生的成分，可以说是奶酪的榨汁。牛奶里约含有3.3%的蛋白质，大致可分为2种：一种叫酪蛋白，约占总量的80%，是能够凝固成奶酪的蛋白质；另一种叫乳清蛋白，是奶酪的"榨汁"中存在的无法凝固的蛋白质，约占总量的20%，主要成分有乳球蛋白、乳白蛋白及乳铁蛋白。需要指出的是，产妇的母乳与牛奶中蛋白质的构成有根本不同，母乳中蛋白质的成分以乳清蛋白为主，只含有极少量的酪蛋白。

乳清蛋白的主要功能是强化机体免疫力，对预防沙门菌、肺炎链球菌等引起的感染性疾病有不错的功效。乳清蛋白还能增加细胞内存在的抗氧化物质—谷胱甘肽。谷胱甘肽除了能保护人体免受过氧化物的攻击外，还能调节体内免疫系统。研究表明，人体内的谷胱甘肽会随年龄的增加而减少，人也变得更容易生病，特别是调查阿尔茨海默病的患者后发现，他们体内的血谷胱甘肽值非常低，由此推断，通过补充谷胱甘肽有可能可以预防阿尔茨海默病。但是，就算食物中有谷胱甘肽，我们的胃肠道也不易吸收。更好的办法是在体内直接增加谷胱甘肽的浓度，所以，在营养辅助治疗中非常重视乳清蛋白的补充。

摄取方法

乳清蛋白属低脂肪食物，吸收率也很好，在运动前1～2小时，或运动后1

小时摄取更有效。运动前摄取是为了补充运动时消耗的蛋白质，运动后1小时食入则因为运动后体内会分泌一些帮助肌肉合成的生长激素。此外，蛋白质与糖类或部分脂肪一同摄入，效果更好。

相关病症

阿尔茨海默病
蛋白质营养不良

乳铁蛋白

强大的抗菌作用，提高机体免疫力

对身体的益处

乳铁蛋白是在哺乳类动物的母乳、唾液及眼泪等分泌物中含有的蛋白质。其中，在母乳内的含量特别丰富，可帮助抵抗力弱的婴儿免受细菌及病毒的侵袭，对成人也有相同的效果。研究表明，乳铁蛋白能强化机体免疫功能，有助于抗病毒、抗炎症及抗癌症。

乳铁蛋白是一种多功能的铁结合性糖蛋白，对细菌、真菌、病毒等有广谱的防御能力。在口服乳铁蛋白的生理功效及其独特的营养、抗菌防腐、免疫、抗氧化特性在食品中应用领域取得了一些最新进展。

乳铁蛋白进入体内，会被存在于胃中的胃蛋白酶所分解，其中一部分会转换为叫作乳铁蛋白素的抗菌多肽，这种抗菌多肽对有害菌如大肠埃希菌O-157、幽门螺杆菌及白色念珠菌等细菌有强力的杀菌效果。最新的研究显示，这种杀菌作用对丙型肝炎病毒也有效。此外，乳铁蛋白能增强白细胞的活力，提高免疫功能，对杀灭癌细胞也有效果，有助于预防大肠癌。

乳铁蛋白还可以附着在铁质上，当体内铁质不足时，乳铁蛋白会促进铁质从肠内吸收；如果体内铁质过多，乳铁蛋白则会抑制铁质吸收。有缺铁性贫血或者月经量过多的人，可适量多补充乳铁蛋白。

富含食物

乳铁蛋白是直接从优质的新鲜牛乳中分离提纯出来后经真空冷冻干燥而成的生物活性蛋白。

摄取方法

因乳铁蛋白怕热，所以，在经过高温高压处理过的牛奶及乳制品等食品中，几乎没有乳铁蛋白存在。单凭从食物里摄取乳铁蛋白很困难，通过保健食品来摄取则效果较好，每天可摄取0.5～1.2克乳铁蛋白。但是对牛奶过敏的人，最好避免摄取。

相关病症

癌症

贫血

免疫功能低下

甲壳素

抑制高血压及血胆固醇，提高免疫力

对身体的益处

甲壳质是富含于螃蟹、虾壳上不溶于水也不溶于酸的动物性膳食纤维，经过化学处理后的物质，就称为甲壳素。甲壳素不溶于水，但可溶于醋及胃酸。

甲壳素含有部分氨基酸，这是在膳食纤维类物质中甲壳素与其他膳食纤维不同的特性。这些氨基酸能够吸收食物中的有害物质，比如在肠内吸收可造成高血压因素的氯，并排出体外，从而发挥降血压的作用。同样的，它也可吸收并排泄胆固醇所制造的胆汁酸。这种机制使人体为了制造胆汁酸，就必须将胆固醇运至肝脏内，血中胆固醇值则因此而下降。

甲壳素会特异性的与脂质结合，能够降低脂肪的吸收，进而降低血脂浓

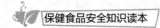
度，还可以降低人体对高热量脂质的吸收量，进而达到减肥的目标。

此外，大白鼠实验及人体试验的结果都显示，甲壳素有活化巨噬细胞、降低胆固醇、促进双歧杆菌生长及抗病毒等公认的效果。甲壳素还可促进体内氨类有毒物质和重金属排出体外。

摄取方法

甲壳素是氨基葡萄糖的多聚体，属于动物性膳食纤维，一般存在于甲壳动物的壳中，所以日常很少经食物摄入。含甲壳素的保健食品刚开始摄取时有些人可能会发生腹泻或便秘，偶尔会引起呕吐或肚子痛。如果身体不耐受的话，还可能会出现湿疹、嗜睡及倦怠感等。当出现这些症状时，应立即减量或停止摄入。另外，选择甲壳素的保健食品需要注意产品质量，防止原材料的重金属污染问题。

相关病症

高胆固醇血症	便秘
高血压	癌症
肥胖	慢性疾病

鲨烯

增加组织供氧、提高免疫力

对身体的益处

深海鲛体内含有叫作鲨烯的主要成分，多存在于由蓝鲛肝脏里萃取出来的鱼肝油里。蓝鲛的肝脏重量达其体重的1/4，而其中1/4就是鱼肝油，鱼肝油中所含的鲨烯量占70%~85%。

因为鲨烯对增加皮肤湿润性与渗透性有很好的效果，并且无色、无臭、延展性好，因此主要使用在化妆品类的产品上。之后由于它在人体内同样具有多种功效，才慢慢变成食品化的保健食品使用。鲨烯可提高组织供氧，故可以提高内脏功能，有保护肝脏细胞、对抗肝炎、缓解肝硬化与脂肪肝的效果。

摄取足够的天然鲨烯可帮助软化皮肤，使之光泽润滑，减少因粗糙干燥而产生的皱纹，故其为最佳的食用美容品，同时鲨烯还具有加速伤口愈合的作用，可外用，治疗刀伤、烫伤等。外用时用针刺破胶囊，即可直接涂抹。

鲨烯供给体内氧气以净化血液，预防脑部缺氧，改善常打哈欠身体疲倦，头脑混沌沉重无法集中注意力、眩晕、耳鸣等因脑部缺氧引起的症状；还能帮助预防及治疗因功能细胞缺氧而导致的病变，如胃溃疡、十二指肠溃疡、肠炎、肺炎等。全面增强体质，延缓衰老，提高对抗疾病（包括癌症）的免疫能力，并能帮助预防及治疗细菌引致的疾病，如感冒、皮肤病、耳鼻喉炎等。

摄取方法

制成保健食品的鲨烯是萃取天然肝油后，经减压蒸馏处理精制而成，一般多制成片剂或胶囊。

鲨烯并不仅仅存在于深海鲛的鱼肝油里，也会在人体内形成，并存在于皮脂内。在棉籽油及橄榄油里也有一定含量，是可以从一般食物中摄取到的成分。这些成分可对胆固醇产生作用、加速新陈代谢。不过这些食品的鲨烯含量远不及蓝鲛鱼肝油中多。

相关病症

肝功能障碍	皮肤干燥
疲劳	胃溃疡
烧伤	

锌

帮助细胞再生、强化免疫力的矿物质

对身体的益处

锌（Zn）能帮助新生皮肤的生长，强化免疫力，在代谢的很多方面都不可缺少。锌是合成DNA及蛋白质时所必需的酶，也是与细胞及组织代谢有关的200多种酶的构成成分，因此，在成长期、怀孕、哺乳及治疗等需要新生细胞的时期，锌的需求量也会随之增加。

有研究表明，在生长迟缓和低血锌浓度高发人群，锌营养状况的改善项目可以促进儿童生长和减少营养不良，可以有效降低腹泻和肺炎的发病率。

在治疗皮肤外伤时，锌能帮助皮肤细胞再生，而当体内有异物入侵时，锌及含有锌的酶能够齐心协力制造新生的免疫细胞来对抗异物。

锌也是负责血糖调节的胰岛素的构成成分。正常的味觉及嗅觉也有赖于锌，因此，如果发现有无法品尝出味道的情况时，则可能是锌缺乏的前兆。

另外，锌还被称为增强性功能的矿物质，因为锌与男性的前列腺素合成有关，当然并不是多摄取锌就能增加性能力，而是一旦缺乏就会减少精子的产量。

富含食物

牡蛎中锌的含量最高，贝壳类、畜禽肉及肝脏、蛋、全谷类、坚果及酸奶等食物也皆富含锌。

缺乏症

锌缺乏的影响，在儿童期主要是生长延缓、垂体调节功能障碍、食欲不振、味觉迟钝甚至丧失，皮肤创伤不易愈合、易感染等，或致暗适应损伤、性成熟延迟、第二性征发育障碍、性功能减退以及精子产生过少等。素食者、酒精中毒者或口服青霉素及利尿剂者，体内对锌的吸收率会明显降低，故需要增加摄入量。从饮食中摄取最好，但也可利用保健食品。

摄取方法

中国营养学会推荐成年男性一天摄入量为12.5毫克，女性为7.5毫克。目前，市面上有许多锌与硒及铬配合摄入的保健食品。但是，锌的摄入和吸收与维生素A的正常代谢关系更密切。此外，如果血中维生素B_6浓度过低，也会降低锌的吸收率。因此，为了配合补锌的目的，可选择一些添加这些营养物质的复合型保健食品。

锌摄取过量常可引起铜的继发性缺乏，损害免疫器官及免疫功能，还可能有头痛、呕吐及贫血症状，每日摄取超过2000毫克会引起急性中毒，因此，请勿过量摄取。

相关病症

生长迟缓
性功能减退
易感冒
味觉迟钝

保健功能食品总动员

第六章

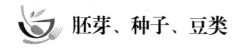 胚芽、种子、豆类

糙米

控制血糖、减轻体重的白米饭替代品

对身体的益处

大米是目前国人尤其是南方人的主要食物。许多人如果一餐没有吃到白米饭，就觉得好像没吃饭一样。但在从糙米精制成白米的过程中，它最精华的营养部分却被去掉了。

糙米有均衡的必需营养素，饱含矿物质与维生素、脂肪酸、膳食纤维，特别是糙米发芽时，其芽端部分的胚芽里，更充满各种人体所必需的营养素。从胚芽里抽取出的油脂称为糙米胚芽油，其B族维生素、维生素E的含量十分丰富且特殊。B族维生素不只能促进糖类代谢、减轻胰脏负担，在消除疲劳、制造耐压力的体质方面也颇具功效。而维生素E能促进抗氧化，抑制过氧化脂质增长，可保持血管的年轻、预防动脉粥样硬化。此外糙米胚芽油还有能改善更年期自主神经失调的"γ-米糠醇"，对自主神经失调所引起的头痛、腰痛、倦怠感、头晕、目眩、肩膀酸痛等症状都有疗效。

吃糙米对于糖尿病患者和肥胖者特别有益。因为其中的淀粉物质被粗纤维组织所包裹，人体消化吸收速度较慢，因而能很好地控制血糖；同时，糙米中的锌、铬、锰、钒等微量元素有利于提高胰岛素的敏感性，对糖耐量受损的人很有帮助。日本研究证明，糙米饭的血糖指数比白米饭低得多，在吃同样数量时具有更好的饱腹感，有利于控制食量，从而帮助肥胖者减肥。因此，日本、

韩国、新加坡等国家很早就掀起了吃糙米控制体重的热潮。

摄取方法

近年来糙米虽然因含有高营养价值而被重新定位，但因其不易消化及较难烹调，在日常饮食中多数难以摄入。不过吃不惯糙米的人可食用易消化的发芽米加工食品，或以胚芽部分为佐料，也可选用糙米粉等特殊方式摄入。

相关病症

骨关节炎
牙周炎
关节炎
腰痛

燕麦

保健食品新贵族

燕麦即莜麦，俗称为油麦、玉麦，是一种低糖、高蛋白质食品。但是燕麦质地较硬，口感不好，所以长期以来并不受欢迎。但在《时代》杂志评出的十大健康食品中，燕麦名列第五。燕麦经过精细加工制成麦片，使其食用更加方便，口感也得到改善，成为深受欢迎的健康食品。

对身体的益处

燕麦含有多种能够降低胆固醇的物质，如单一不饱和脂肪酸、可溶性纤维、微量元素钒、皂苷素等，可以有效地降低人体中的胆固醇。燕麦水溶性纤维在小肠内形成胶状粒，像海绵般吸收含胆固醇的胆汁酸并将其排出体外，减少胆固醇在小肠被吸收的机会，从而帮助降低血液中的胆固醇含量，经常食用，即可对心脑血管病起到一定的预防作用。

它还含有丰富的亚油酸和维生素（B_1、B_2、E）、叶酸等可以改善血液循环，缓解生活工作带来的压力；含有的钙、磷、铁、锌、锰等矿物质有预防骨质疏松、促进伤口愈合、防止贫血的功效，是补钙佳品。

特别是燕麦中的水溶性纤维具有平缓饭后血糖上升的效果，所以有助于糖尿病患者控制血糖。燕麦纤维中的β−葡聚糖可以改善消化功能、促进胃肠蠕动，并改善便秘的情形。

燕麦中能量和碳水化合物含量低于精制谷类，对于减肥和控制体重的人来说，用来代替精米精面，也是一个比较好的选择。

摄取方法

一般人都可食用，更适合于中老年人。适宜每餐摄入量在40克左右。

吃燕麦一次不宜太多，否则会造成胃痉挛或是胀气。对麸质过敏者要小心食用。

相关病症

高胆固醇血症

糖尿病

便秘

骨质疏松症

荞麦

富含芸香苷、食物纤维及多种无机元素

荞麦面粉的蛋白质含量明显高于大米、小米、小麦、高粱、玉米面粉及糌粑。荞麦面粉含18种氨基酸，氨基酸的组分与豆类作物蛋白质氨基酸的组分相似。脂肪含量也高于大米、小麦、糜黍面粉和糌粑。荞麦中含9种脂肪酸，其中油酸和亚油酸含量最多，占脂肪酸总量的75%，还含有棕榈酸19%、亚麻酸4.8%等。此外，还含有柠檬酸、草酸和苹果酸等有机酸，以及多种微量元素、维生素。

对身体的益处

在荞麦的有效营养成分中，最具代表性的就是芸香苷。苦荞是提取芸香苷的主要原料之一。荞麦的芸香苷含量是其他粮食作物不可相比的。甜荞的芸香苷含量一般在 0.02%～0.798% 之间，苦荞中含量 1.08%～6.6%。其中所含有的维生素P及柑橘类色素的黄酮素等，总称为类黄酮化合物。类黄酮能帮助维生素C吸收、活化毛细血管及血管壁，促进胶原蛋白合成，还可增强抗氧化的能力。由于营养素及氧气是透过毛细血管进行交换的，在某种程度上需要保持血管的通透性，而维生素P可防止发生通透性过度而造成的营养流失，并能

预防病原菌侵入。另外，芸香苷对高血压及动脉粥样硬化、出血性疾病等也有一定预防功效。

荞麦中的食物纤维大多是由果胶和黏质组成，这种食物纤维对预防糖尿病、高血脂有积极作用。荞麦含有多种有益人体健康的无机元素，如钙、磷、铁、铜、锌和微量元素硒、硼、碘、镍、钴等，这些物质不但可以提高人体内必需元素的含量，还可起到保护肝肾功能、造血功能和增强免疫的作用，也有益于提高智力，保持心脑血管正常、降低胆固醇。例如，荞麦中含有大量的铜，铜能促进铁的利用，人体缺铜会引起铁的不足，导致营养性贫血，故多吃荞麦食品有益于贫血的防治。荞麦中含有其他作物缺乏的硒，有利于防癌。荞麦还含有较多的胱氨酸和半胱氨酸，有较高的放射性保护特性。荞麦在防病治病中有良好的药用价值，以食代药，经济安全，又可强身健体。

摄取方法

含有芸香苷的植物有槐树（叶子、花苞、未熟果实）、烟叶、马铃薯花、西红柿、荞麦等。不过芸香苷从食物中比较难以摄取。比如煮荞麦面时芸香苷会溶于汤中，因此可以采用荞麦的嫩叶粉末等保健食品补充。

相关病症

高血压
动脉粥样硬化
脑中风、心脏病
出血性疾病

食品小常识

在日本，到专门的荞麦面店点冷荞麦面时，吃完时店家会附上"阳春面汤"，这证明日本人已了解到芸香苷的有效成分会溶解在汤中的事实。

薏仁

促进新陈代谢、美化肌肤

对身体的益处

薏仁的原产地在我国南部及东南亚，中药里经常使用的薏仁就是除去薏仁种壳后晒干而成的，具有消炎镇痛的功效。薏仁的营养价值很高，现今常被广泛用于健康茶饮、麦芽糖、浓缩精等产品中。薏仁含有丰富的蛋白质、钙、铁、钾、维生素B_1等成分，并且其中的蛋白质是由优质的氨基酸构成的，其优质氨基酸有活化新陈代谢的作用，因此薏仁对皮肤粗糙及青春痘等肌肤问题有一定的帮助。另外，因为薏仁有利尿作用，对浮肿等症状也有效果。薏仁还能舒缓因神经痛或风湿痛产生的肢体僵硬等症状。薏仁成分中的香豆酸能抑制肿瘤生长，长期食用有一定的防癌功效。

摄取方法

一般是将薏仁的种子外壳去除后，泡煮成薏仁茶来饮用，1天约可分成3次饮用，每天摄取量以15～30克为标准。市面上也有使用简便的薏仁茶茶包可供选择。也可煮成薏仁饭，作主食食用。

虽然薏仁功效较平和，不过也有些人的体质不宜食用薏仁，有人认为孕妇不宜食用薏仁，

相关病症

肌肤粗糙、青春痘、黑斑
浮肿
神经痛

虽然这种说法并无确实的科学证据，但孕妇可根据个人的情况来考虑选择与否。

 食品小常识

现在有将薏仁加工制成的"薏仁糖"，是将薏仁的种子磨碎，再利用酶使其糖基化而制成的产品。虽然其属于甜味糖，但由于薏仁的营养成分几乎都还保存在内，营养价值比砂糖来得更高，故可以取代砂糖使用。

黑豆

优秀的抗氧化力，帮助营养均衡

黑豆中富含蛋白质及多种氨基酸，且黑豆中植物固醇含量较多，还含有多种维生素、微量元素。由于黑豆的蛋白质含量尤为丰富，高于肉类、鸡蛋和牛奶，素有"植物蛋白之王"的美誉。

对身体的益处

黑豆黑色外皮上的色素中含有花青素，能够帮助眼部视紫红质的合成，预防视力减弱，维持眼睛健康。另外，因花青素能抗氧化、延缓老化、强健血管、促进血流顺畅，因此能缓解虚寒证、肩膀酸痛、腰痛等症状。黑豆还含有丰富的抗氧化剂—维生素E，能清除体内的自由基，减少皮肤皱纹，达到养颜美容、保持青春的目的。

黑豆内的大豆卵磷脂及皂苷能降低胆固醇、抑制甘油三酯生成，与花青素相辅相成更能改善血液循环。以上这些物质的功效，也能间接预防动脉粥样硬化、高脂血症及脑栓塞等疾病。

此外黑豆也含有丰富的异黄酮，异黄酮与雌激素有相同功效，能调节激素平衡、缓和更年期的不适症状。雌激素能抑制骨骼内的钙流失，异黄酮则能代替雌激素，预防更年期女性因钙流失而致的骨骼疏松症。

摄取方法

若要有效地摄取黑豆中花青素等有效成分，除了多食用黑豆及黑豆制品外，饮用黑豆茶也是一个不错的选择。可以在1000毫升的水中加入10克左右的黑豆，煮3~5分钟，直到黑色色素出现即可。煮过的黑豆汁有益喉咙，对气喘也有所帮助。也可选用黑豆粉等食品。

相关病症

眼部疾病
动脉粥样硬化
更年期症状
骨质疏松症
肩膀酸痛、腰部疼痛

白花豆

含α-淀粉酶抑制剂，调节血糖、血压

对身体的益处

白花豆是可用来煮食或做成甜纳豆的白色豆子。主要成分是糖类和蛋白质，同时含有丰富的钙、铁与钾。它的种皮里还含有许多膳食纤维。白花豆是因其所含的具减肥功效的α-淀粉酶抑制剂而备受瞩目的。

从食物中摄取的淀粉类多糖（主食），需要借助从胰脏分泌的α-淀粉酶分解成麦芽糖，之后经麦芽糖酶消化分解为葡萄糖，再由小肠的黏膜所吸收。当血液中存在过多的葡萄糖时，血糖值就会升高，就需要胰腺分泌胰岛素来促进细胞吸收葡萄糖，并将多余的葡萄糖转换为体内脂肪加以储存。也就是说，当持续摄取容易升高血糖的食物时，胰岛素也会不停工作而使脂肪容易堆积。但是，如果胰岛素长期分泌过多，其本身的功效就会逐渐减弱，而无法控制血液中的血糖，从而有引发糖尿病的危险。白花豆中的蛋白质所含的α-淀粉酶抑制剂能和α-淀粉酶结合，进而阻碍其活性，使淀粉不容易被分解成麦芽糖，延缓血糖的产生，从而减少转化生成的脂肪量。这种酶抑制剂具有高耐热性，即使在110℃的环境中8小时也不会失去活性。

相应的，淀粉如果没有转变成葡萄糖，就不会被肠壁血管吸收，血糖值就易于控制，胰岛素的分泌也会跟着变少，转变为体脂肪堆积在体内的现象也会减少。这样，就可同时改善胰岛素抵抗与高脂血症，并且帮助控制体重。此外，白花豆里丰富的钾还有助于将钠排出体外，维持正常的血压。

摄取方法

要有效地摄取白花豆中的α–淀粉酶抑制剂，可以选择白花豆食品或者服用相应的保健食品。如果希望控制血糖值上升，在饭前、饭中摄入会更有效。

相关病症

肥胖
糖尿病
高脂血症

葡萄籽

强大的抗氧化力

对身体的益处

相比美国人而言，法国人的饮食习惯也是大量摄取肉类及乳制品，但罹患动脉硬化及心肌梗死的概率却很低，理由正是因为他们常饮红葡萄酒的习惯。在研究红葡萄酒成分的报告里，我们知道葡萄种子里含有原花色素这种有效成分。原花色素也是多酚类物质的一种，它是由许多个儿茶素分子连接而成的，有研究报告显示，它的抗氧化能力是维生素C的20倍，维生素E的50倍。原花色素除了有抗氧化作用、防止细胞老化作用外，还可以彻底改善过

敏症状，适用于哮喘、花粉症等，其抗炎作用还能缓解关节炎等症状，并有保护视力及视网膜等功效。除了在欧洲被利用为血管性疾病治疗用药外，在美国也被当作白内障及胃溃疡的预防食品，甚至还被利用在辅助与传统医疗领域上。

在预防慢性疾病领域，研究已确认摄取原花色素可预防血管内携带的"坏胆固醇"转变为更坏的"氧化型低密度脂蛋白胆固醇"，并能预防高脂血症及动脉粥样硬化，另有研究发现原花色素能改善皮肤内色素沉积并能消除疲劳。

摄取方法

葡萄籽中的物质不易从食物中直接摄取，葡萄酒是重要来源之一。由于红葡萄酒是整颗葡萄发酵所酿造的，所以可直接摄取到其中的原花色素。100毫升的红葡萄酒中约含有40毫克的原花色素，喝2杯就能达到需要量。而红葡萄酒中，特别是涩味较强的葡萄酒含有丰富的原花色素。如果不喝酒，也可由葡萄籽制造的葡萄籽油中摄取到。在沙拉酱中加入一大汤匙（约15毫升）葡萄籽油搅拌后食用，也相当于选用葡萄酒的效果。

相关病症

高脂血症
动脉粥样硬化
黑斑及皱纹

 ## 蔬菜、水果、薯类

芥蓝

绿色蔬菜汁的主要原料

对身体的益处

所谓绿色蔬菜汁健康法是由于当前人们摄取的蔬菜不足，为了保持健康态而逐渐流行起来的方法，而芥蓝也因作为绿色蔬菜汁的主要原料而被大家所熟

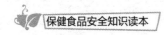

知。其原产于地中海沿岸区域，属十字花科。

芥蓝也属黄绿色蔬菜的一种，其中含有丰富的硫代葡萄糖苷，它的降解产物叫萝卜硫素，是迄今为止所发现的蔬菜中最强有力的抗癌成分，经常食用还有降低胆固醇、软化血管、预防心脏病的功能。同时，其富含的β-胡萝卜素能充分发挥维生素A抑制过氧化物生成的作用，且能恢复并提升视力，间接强化消化器官及其他内脏器官的黏膜。它还富含维生素C，其含量远远超过了菠菜和苋菜等被人们普遍认为维生素C含量高的绿色蔬菜，在帮助人体增强抵抗力、预防感冒及对抗外界压力方面发挥作用。其中也含有胡萝卜素、叶酸、铁质、膳食纤维等大部分黄绿色蔬菜所富含的营养素，以及能造血、预防血栓的叶绿素与其他矿物质。

摄取方法

芥蓝拥有极高营养价值，除了把芥蓝当作沙拉生吃外，也可将水煮的芥蓝拌酱汁食用，或者直接用来热炒及炖煮。

芥蓝的味道微带苦涩，所以炒前最好加少许食用碱水焯一下，但加得不要过多，否则会破坏芥蓝的营养成分。另外，炒芥蓝时可以放点糖和料酒。糖能够掩盖它的苦涩味，料酒可以起到增香的作用。

相关病症

动脉粥样硬化

癌症

胃肠功能

感冒

苦瓜

除防止中暑外，对高血压及糖尿病也能发挥功效

对身体的益处

苦瓜会苦是因为具有独特的苦味成分——奎宁，能抑制过度兴奋的体温中枢，起到解热作用，其维生素C含量也特别丰富。维生素C与苦瓜所含的胡萝

卜素成分一样，都能消除体内氧自由基、预防动脉粥样硬化。此外，其钾及磷、铁、钙等矿物质的含量也很均衡。苦瓜含钾量也很高，若要维持正常血压，就需要均衡地摄取钾与钠。而由于北方人饮食习惯中盐的摄取量太高，容易摄取过量的钠，所以更容易发生高血压。因此要预防高血压就必须控制盐和钠的摄取。

苦瓜也富含能改善糖类代谢的维生素B_1，以及能抑制糖类吸收的膳食纤维。糖尿病患者也容易发生高血压，因此能使血糖值及血压都保持稳定的苦瓜的确是最适合不过的食物。

因苦瓜中苦味成分的苦瓜素能促进食欲，而维生素C及胡萝卜素能消除疲劳，因此对防止中暑也颇为有效。

日本研究发现，苦味食物含有较多的氨基酸，在30多种氨基酸中有苦味的即有20多种，某些苦味食物是维生素B_{17}的重要来源，而维生素B_{17}对癌细胞有较强的杀伤力，所以，癌症患者可多吃苦瓜。

摄取方法

目前，在全国各地都能买到苦瓜，因此可将其列入最日常选用的食物。相信苦瓜独特的苦味容易让怕苦的人敬而远之。但如果将苦瓜切成薄片洒上少量的盐，等水分释出后尽量控干水分，再泡入冰水便可去除其苦味。挑选时可注意表面凹凸颗粒越大的苦瓜苦味越少。此外苦瓜含有抗氧化物质β–胡萝卜素，与油拌炒会更易于吸收。

在加工食品方面，除保健食品外，市面上还有用苦瓜的果肉、外皮制成的苦瓜茶、将苦味去除后制成的苦瓜饮料、采用苦瓜籽萃取物制作的苦瓜含片等。

相关病症

胃肠不适	疲劳
高胆固醇血症	中暑
糖尿病	

成分小常识

有报道认为苦瓜中含有奎宁，可能会导致流产，所以孕妇应忌食苦瓜。

奎宁是从植物中提取有效成分而制成的药品，确实有刺激子宫收缩、引起流产的副作用。苦瓜中也确实含有微量的奎宁，但作为苦瓜中的一种微量元素，它的效用微乎其微，甚至可以忽略不计。

孕妇的胃肠蠕动比较慢，所以常常出现恶心等症状，而苦瓜和芥蓝等苦味蔬菜除了可以清热消暑之外，还可以起到刺激唾液及胃液分泌、促进胃肠蠕动的作用，对于改善孕妇的消化吸收、增进食欲等方面都很有好处。但需要注意的是，苦瓜性凉，脾胃虚寒的孕妇不宜过多食用。

苦瓜中还有一种贵如黄金的特殊成分：高能清脂素，即苦瓜素，这种被誉为"脂肪杀手"的特效成分能使机体摄取的脂肪和多糖减少40%~60%。药理研究证实，高能清脂素不进入人体血液，只作用于人体吸收脂肪的重要部位－小肠，通过改变肠细胞网孔阻止脂肪、多糖等高热量大分子物质的吸收，从而加速体内小分子营养的吸收，又不参与人体代谢，所以无任何毒副作用。

姜

能杀菌与促进血液循环的"食用之药"

对身体的益处

姜可以用来做调味料、消除鱼肉的腥味以及作为佐料等，是大家熟悉并被广泛利用在烹调及点心等中的原材料。在西方谚语中有"如果想吐，就喝碳酸姜饮料"的说法，说明生姜具有优秀的杀菌能力与调节胃部不适的功用，不愧是"食用之药"。日本人大概是从生姜与生鱼片、寿司、甚至与猪肉一起吃的经验里，了解到生姜所具有的杀菌能力吧。

姜的代表性成分有辛辣来源的姜辣素与姜醇，它们有促进胃酸分泌、增加食欲的效果，对进食中枢变迟钝的厌食症患者也可期待其功效。此外它还能健胃、改善腹泻体质、促进血液循环使身体变暖。值得一提的是，姜还能缓解感冒的各种症状、改善皮肤炎及烫伤。看来不仅可拿来食用，也常常当作外用药。将生姜磨成碎泥，与橄榄油混合擦在头皮上可减轻头皮屑，涂在耳朵里则能稳定耳痛，并且将生姜榨汁对烫伤也很有帮助。头一天的晚餐吃得太油腻、太饱，第二天早上肚子十分饱胀而不适的感觉。当你的消化器官难以完成它的消化工作的时候，你应吃一点点姜。姜的辣素刺激胆汁生产，从而加速脂肪的消化。此外，姜中所含的酶能使蛋白质变小，使油腻食物易于被消化。

姜对手脚冰凉也有疗效。姜具有强心作用。姜的辣素刺激机体，在胃肠中引起一种温暖的感觉，并将之扩散到全身。此外，姜能促进防御细胞的增长，加强免疫系统，使人保持精神饱满。

摄取方法

生姜是刺激性很强的食材，所以不能因其有益就一次性大量摄取，有痔疮或溃疡等出血性疾病的患者，以及长青春痘的人都要注意摄取量。

外用在烫伤或皮肤炎时，可将其磨成姜泥后挤出姜汁，与温热的植物油混合，然后用棉花蘸取涂抹于患部。

相关病症

食欲不振	神经痛
感冒	皮肤炎
肩膀疼痛	烫伤
腹泻	

大蒜

强效杀菌，消除疲劳

对身体的益处

大蒜是世界各地烹调时经常使用的调味蔬菜，早在2000多年前，我国就已经将大蒜列入药材和食材应用了。从强身、抗菌的角度说，大蒜在我国是数一

数二的健康食品。

大蒜的效用主要来自大蒜素、维生素B$_1$和Scordimin三种营养成分。大蒜素是大蒜特有气味的来源，具有强大的杀菌、解毒作用及抗氧化作用，能杀灭痢疾杆菌及寄生虫，对霍乱弧菌及伤寒杆菌等强毒细菌也很有效果。维生素B$_1$有消除疲劳的作用，大蒜中含有极丰富的维生素B$_1$，大蒜素还能辅助维生素B$_1$提高其效力。大蒜中与臭味无关的是Scordimin，它能扩张末梢血管使血流通畅，并能帮助排出血中多余的胆固醇。Scordimin具强力抗血栓活性，而蒜素更是这项作用的主角。因此Scordimin的抗血栓作用对于心肌梗死、动脉硬化及静脉瘤皆具有令人满意的防治效果。

摄取方法

摄取过量大蒜可能会引起腹痛及贫血。标准摄取量，生大蒜可每天1瓣，熟的每天可2～3瓣。小孩的摄取量最好是大人的一半以下。抵抗力低容易发生感染，胃肠道感染者也可以考虑选用大蒜素胶囊提高抵抗力。

相关病症	
疲劳	神经痛
癌症	食欲不振
失眠	

大蒜的副作用也从古希腊时期开始被人知晓，空腹食用会引发胃痛。如果摄取量过多会破坏红细胞导致贫血。同时因为大蒜具有很强的抗菌作用，所以会遏制肠道内合成维生素的细菌，容易引起舌炎、口腔炎、皮炎等疾病。

洋葱

富含天然营养的"菜中皇后"

对身体的益处

洋葱，为百合科草本植物，又名葱头、圆葱，是一种很普通的廉价家常菜。很多人不喜欢其特有的辛辣香气，而在国外它却被誉为"菜中皇后"，营养价值不低。

洋葱是蔬菜中唯一含前列腺素A的，前列腺素A能扩张血管，降低血液黏度，因而会产生降血压、增加冠状动脉的血流量、预防血栓形成的作用。洋葱还含有能激活溶纤蛋白的活性成分，具有较强的血管舒张功能，能减轻外周血管和冠状动脉的阻力，改善冠状动脉循环，并且还有对抗体内儿茶酚胺的升压作用，从而稳定血压。经常食用对高血压、高血脂和心脑血管患者都有保健作用。

洋葱中含有微量元素硒。硒是一种抗氧化剂，它的特殊作用是能使人体产生大量谷胱甘肽，谷胱甘肽的生理作用是输送氧气供细胞呼吸，并能清除体内的自由基，增强细胞的活力和代谢能力，人体内硒含量增加，癌症发生率就会大大下降，还可以延缓衰老。

洋葱中含有植物杀菌素，如大蒜素，因而有很强的杀菌能力。嚼生洋葱可以预防感冒。

洋葱中的某些生物活性成分可促进机体内钠水从肾脏排出而具利尿作用。

瑞士科学家发现常吃洋葱能提高骨密度，有助于防治骨质疏松症。

摄取方法

可以直接选用洋葱，但不宜过量食用。因洋葱易产生挥发性气体，过量食用会产生胀气和排气过多，给人造成不快。也可以选用洋葱葡萄酒，还可以在烹调时使用洋葱粉。

相关病症

高血压	骨质疏松症
高脂血症	感冒
冠心病	

梅子

消除身体疲劳，对抗宿醉

对身体的益处

日本人常说"只要有白饭和梅子就能生存"，可见梅子对日本人是非常重要的食物。梅子的杀菌力很强，自古就广为民间疗法所利用。

将青梅汁长时间熬煮浓缩成乳胶状物，就是梅子的萃取物。梅肉萃取物中丰富的酸味成分，是被称为有机酸的物质，主要包含柠檬酸、苹果酸、琥珀酸、儿茶素酸及苦味酸等。正是由于这些有机酸而使梅子具有各种功效。首先，有机酸能抑制导致疲劳感觉的乳酸在肌肉等处蓄积，帮助消除疲劳；儿茶素酸能活化胃肠；苦味酸则能活化肝脏功能、促进新陈代谢。由于苦味酸能帮助维持肝脏正常功能，所以能加速分解进入体内的酒精，并且有机酸能帮助消除疲劳等，因此梅肉的萃取物有助于缓解酒醉，是值得我们重视的传统健康食品。

另外，从梅子制造梅肉萃取物的过程中发现的"梅子新元素"，也是目前倍受瞩目的保健食品，能改善血液循环，对虚寒证及肩膀酸痛有效。

摄取方法

青梅中含有可能引起食物中毒的苦杏仁苷，但会在制造梅肉萃取物时被分解掉，所以无需担心。梅肉萃取物可泡热水饮用，加点蜂蜜口感更佳。每3克（约1/2小匙）的梅肉萃取物就具有帮助血液循环的作用，因此摄取量可

相关病症

疲劳	食欲不振
皮肤干燥	虚寒证
青春痘	肩膀酸痛
腹泻、便秘	宿醉、晕车

以此为标准；食用乌梅也有同样效果。此外，市场上也有方便携带，可在晕车时食用的颗粒状食品供选用。

番石榴

番石榴多酚抑制糖类吸收，有助减肥

对身体的益处

番石榴是原产于东南亚及美国热带地区的常青树，果实中含有丰富的维生

素及矿物质，特别是果肉部分富含维生素C。番石榴的果肉可直接吃或榨成果汁饮用，叶子则可煮茶喝。近来，因发现番石榴茶中所含的番石榴多酚能够抑制血糖值上升，而受到医生的关注。

我们所吃的白饭及面包都是以糖类（淀粉）为主的食品。食品中的糖分进入体内后，需要先由消化酶分解成葡萄糖，才能在小肠部位吸收入血。番石榴多酚能抑制将糖类分解为葡萄糖的酶的活性。当糖类无法转换成葡萄糖时，就无法被小肠吸收，人体吸收的糖类就会减少。胰脏分泌的胰岛素负责调节吸收入血的葡萄糖的水平。饭后，血中葡萄糖浓度升高，就会刺激胰岛素分泌。胰岛素能帮助细胞吸收葡萄糖，让血糖值下降，维持正常的血糖水平。虽然胰岛素会帮助血液中的葡萄糖进入肌肉及肝脏内进而转换成为热量，但同时也会将多余的葡萄糖运到脂肪细胞内作为脂肪储存起来。当番石榴多酚使体内的糖类无法被吸收时，血糖值就难以上升，如此就能抑制胰岛素过度分泌，达到减肥的效果。

摄取方法

相关病症

糖尿病
肥胖

用餐时或餐后摄取番石榴多酚可以帮助稳定血糖。同时经常使用番石榴多酚也有助于改善体质，不容易罹患糖尿病等慢性疾病。

蓝莓

改善眼睛疲劳的小蓝果

对身体的益处

蓝莓果酱、蓝莓派、蓝莓果汁都是大家熟知的加工食品，作为保健食品的蓝莓萃取物则是用冷冻进口的蓝莓果实，经萃取、干燥后制成的颗粒或片剂，

是较新的产品。

蓝莓对眼睛有益，主要是其中的色素成分花青素（多酚的一种）可对视网膜中的视紫红质产生作用。视紫红质是保护视力的重要物质，受到光的刺激后会分解、再合成，反复进行分解–合成的过程，而此连续过程会通过视神经将信号送至大脑。蓝莓萃取物常用于改善青光眼、假性近视的肌肉调节、干眼症、眼睛分泌物过多、预防老年人视力减退、退化性黄斑病变以及白内障的临床治疗。临床研究发现，服用蓝莓的确可以改善夜间视力的障碍，不过其作用机制与维生素A并不一样。蓝莓中含有绿原酸，已确认具有强抗氧化作用，对消除氧自由基、预防癌症及慢性疾病有效，还能保护毛细血管的正常生理功能，预防血栓发生。还有研究者发现在蓝莓中含有一种化合物，这种化合物可以防止细菌附着在尿道的细胞壁上，可以防治尿道感染。

相关病症

眼睛疲劳

肩膀酸痛

血栓

癌症

糖尿病导致的视网膜病变

摄取方法

花青素广泛存在于紫黑色或蓝色的植物性食物中，如蓝莓、葡萄、茄子、黑米、黑豆等。可以多选择食用这些食物，也可以选择蓝莓萃取物或含花青素的软胶囊等补充食品。

红薯

具有减肥作用的"甜食"

红薯，又称白薯、番薯、地瓜、山芋、红苕等，在植物学上的正式名字叫甘薯。红薯味道甜美，营养丰富，又易于消化，它含有丰富的淀粉和蛋白质，可供给大量热能，所以有的地区把它作为主食。

对身体的益处

红薯中含的纤维素比较多，对促进胃肠蠕动和防治便秘非常有益，可用来治疗痔疮和肛裂等。对预防直肠癌和结肠癌也有一定作用。

脱氢表雄酮是红薯所独有的成分。这种物质既防癌又益寿，是一种与肾上腺所分泌的激素相似的类固醇，国外学者称之为"冒牌激素"，它能有效抑制乳腺癌和结肠癌的发生。

红薯中丰富的镁、磷、钙等矿物元素和亚油酸等物质对人体器官黏膜有特殊的保护作用，可抑制胆固醇的沉积，保持血管弹性，防止肝肾中的结缔组织萎缩，预防胶原病的发生。

人们大都以为吃红薯会使人发胖而不敢食用。其实恰恰相反，红薯是一种理想的减肥食品。它的热量只有大米的1/3，而且因为其富含膳食纤维和果胶，而具有阻止糖分转化为脂肪的特殊功能。

红薯中的绿原酸，可抑制黑色素的产生，防止出现雀斑和老人斑。红薯还能抑制肌肤老化，保持肌肤弹性，减缓机体的衰老进程。

摄取方法

红薯含有一些产气的酶，吃后有时会发生烧心、吐酸水、肚胀排气等现象。只要一次不吃得过多，而且和米面搭着吃，并配以咸菜或喝点菜汤即可避免。食用凉的红薯易致胃肠不适。

红薯在胃中产酸，所以胃溃疡及胃酸过多的患者不宜食用。

烂红薯（带有黑斑的红薯）和发芽的红薯可使人中毒，不可食用。

红薯等根茎类蔬菜含有大量淀粉，可以加工成粉条食用，但制作过程中往往会加入明矾。若过多食用会导致铝在体内蓄积，不利健康。

相关病症

肥胖

便秘

癌症

紫薯

富含的多酚能改善慢性疾病

对身体的益处

紫色番薯除了番薯原本的成分外，还富含花青素和绿原酸，同时也富含β-胡萝卜素、维生素B$_1$、镁、钠等矿物质以及大量的维生素C等，其中功效特别显著的是花青素。花青素是红葡萄酒及蓝莓中多酚类物质的一种，可抗氧化及提高免疫力。而花青素其中的一种功能就是促进肝功能。由于其具有抗氧化作用，可去除氧自由基而使肝功能改善。同时花青素去除氧自由基的效果对预防癌症也有作用。另外，由于花青素能够阻断使血压上升的酶-血管紧张素转化酶的活性，所以也可期待其降低血压的作用。

建议使用人群

每天长时间使用电脑的人以及眼睛容易疲劳的人，建议多食用些紫色番薯。因花青素能促进一种维持视神经功能的视紫质色素的再合成，有改善眼睛疲劳、保护视力的效果。众所周知"蓝莓对眼睛有益"，就是因为蓝莓中含有许多花青素。

摄取方法

紫色番薯可以用与普通番薯一样的方式来烹调，不过市面上有许多种利用紫色番薯为原料做成的食品，因此也可以选择这些食品来补充营养。市售的紫色番薯食品有糕饼类及酒、醋等。

相关病症

肝功能	癌症
高血压	动脉粥样硬化
眼睛疲劳	

成分小常识

　　紫色番薯中除含有花青素外，还富含多酚、绿原酸。这些成分拥有强大的抗氧化作用，也能去除会引发癌症及动脉硬化等的氧自由基。比如在可能导致癌症的亚硝酸盐中，只要加入绿原酸就可将亚硝酸盐分解掉。但是由于绿原酸可能有妨碍铁质吸收的作用，因此有贫血症状、正在服用铁剂的人最好避免摄取过量。

菊芋

抑制血糖上升的天然胰岛素

对身体的益处

　　菊芋是原产于北美的菊科多年生草木，它并不属于番薯类，但因在秋天开过黄花后，其根部前端会逐渐长出像番薯的硕大块状物质，而拥有了这个名字。菊芋的收获期在10月底左右，吃起来的口感既像马铃薯又像牛蒡。由于菊芋对改善糖尿病患者的血糖控制方面有明显的效果，因而受到关注。

　　菊芋含丰富的菊糖，是一种由果糖分子聚合而成的多糖类，有进入人体也难以被吸收的特点。如果是淀粉，进入人体后会被分解为葡萄糖并被小肠吸收，使血液中的葡萄糖增加，此时胰脏便会分泌胰岛素。但如果长期摄取容易导致血糖高的饮食，胰岛素的分泌量就会持续增加，这使许多葡萄糖囤积为脂肪，长期如此导致肥胖，并且胰岛素分泌过多的状态一直持续下去，加重胰岛素抵抗并使胰岛本身的功能减弱，从而容易引发糖尿病。而菊糖在人体内会变成富含果糖的低聚果糖，不被肠道吸收，因此也不会使血糖值上升，低聚果糖还会成为肠内双歧杆菌等益生菌的食物，能协助解决便秘等问题，帮助调整肠

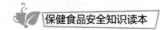

内环境。

菊芋还可以增加B族维生素的合成量，提高人体免疫功能，并能促进微量元素铁、钙、锌的吸收利用，防止龋齿及骨质疏松症，同时可减少肝脏毒素，能在肠中生成抗癌的有机酸，有显著的防癌功能。

摄取方法

菊芋的食用方法有很多种，如果要拿来做菜肴，由于它是水溶性的，所以应注意不要长时间泡在水里。另外，它的性质也会因醋及酒精而发生变化，所以不要与醋类食物及酒精类一同烹调食用。如果要做成沙拉也尽量不要使用含柠檬或醋的沙拉酱。此外，由于野生菊芋并不常见，所以选用药剂或茶等保健食品来摄取会比较简单，如果要与降血糖药并用，则应先咨询医生的意见。

相关病症

糖尿病
便秘
肥胖

魔芋

减肥奇效的魔力食品

魔芋，又称作麻芋、鬼芋，为单子叶植物纲，天南星科多年生草本植物。魔芋具有膨大的地下块茎，地上部分为一单片叶。其块茎为营养贮藏器官，含有大量甘露糖苷、淀粉、维生素、矿物质、植物纤维及一定量的黏液蛋白和多种氨基酸，具有奇特的保健作用和医疗效果，被人们誉为"魔力食品"，有"不想胖，吃魔芋；要想瘦，吃魔芋；要想肠胃好，还是吃魔芋"的说法。

对身体的益处

魔芋所含的黏液蛋白能减少体内胆固醇的过量蓄积，预防动脉硬化发生。

吃魔芋能提高机体免疫力，所含的葡萄甘露聚糖、硒、锌等对癌细胞代谢有干扰作用，所含的优良膳食纤维能刺激机体产生一种杀灭癌细胞的物质。

魔芋含有丰富的膳食纤维，在肠道内膳食纤维能加强肠道蠕动，促使排便，缩短食物在肠道内的停留时间。肉类食物从进食到排出体外大约需要12小时，魔芋从进食到排出体外大约为7小时，因此可使大便在肠道停留的时间缩短5小时左右，从而减少小肠对脂肪的吸收，同时也减少了大便中的有害物质对身体的危害，有利于肠道病症的治疗。

魔芋是低热食品，其葡萄甘露聚糖吸水膨胀，可增大至原体积的30～100倍，魔芋在胃内吸水膨胀后使人有饱胀感，自然就不想再吃更多其他食物了。因而是理想的减肥食品。

近年来的研究证明，魔芋中所含的葡萄甘露聚糖对控制糖尿病患者的血糖有较好的效果。因其分子量大，黏性高，能延缓葡萄糖的吸收，有效地降低餐后血糖，从而减轻胰岛的负担，使糖尿病患者的糖代谢处于良性循环，不会像某些降糖药物那样使血糖骤然下降而出现低血糖现象。

摄取方法

生魔芋有毒，必须蒸煮3小时以上才可食用，每次用量不宜过多。目前市场上有精制的魔芋粉保健食品，如魔芋豆腐、魔芋丝等方便食用。

魔芋的减肥和保健作用绝不是吃几次魔芋就能立竿见影的，而是要养成长期吃魔芋的良好习惯。因为我们的身体每天都从食物中吸收一些油脂，所以也就必需每天都要清除这些体内多余的油脂才行。不然脂肪累积多了就会发胖甚至发病，所以清除体内多余脂肪是每天必做的功课。

相关病症

肥胖　　便秘
糖尿病　　大肠癌
高血压

芦荟

活化胃肠功能，改善便秘

对身体的益处

芦荟原产于非洲，属百合科的多年生草本植物，是自古以来就广为使用的药用植物，用来强健胃肠、调节肠道排泄功能。生芦荟汁也被用于治疗外伤、烫伤、蚊虫咬伤、皮肤皲裂及足癣等药品中。

观赏用的芦荟有很多种，其中可作为保健食品的有木立芦荟及吉拉索芦荟。而一般在药店可能作为药品来售卖的则是好望角芦荟，这种芦荟被制成治疗便秘的药物使用。

生芦荟所独特的苦味是因其有芦荟素、芦荟大黄素等成分，可促进胃液分泌，让胃肠功能活化。切开芦荟时流出的黏液能抗溃疡并能消炎，保护溃疡部分、改善症状，帮助血液凝固，对因糜烂性胃炎的胃壁出血很有效。芦荟能提高免疫力、抗癌，还可降低血糖，其中的黏液素能为干燥肌肤补给水分。

芦荟还含皂苷、黏多糖类、叶绿素、维生素A、维生素B_{12}、维生素C及维生素E等多种营养素。

摄取方法

芦荟的保健食品种类繁多，有粉末、以萃取物为原料的药片及饮料等，每种成分的比例不同，因此应确认标识、选择适合的种类。另外，芦荟也有冷却身体及缓解便秘的功能，因此怕冷、体衰、月经中及怀孕中的女性最好不要食用。

利用生芦荟紧急处理烫伤时，芦荟素的成分可能会刺激皮肤，因此要把芦荟的皮切掉，使用内部果冻状的果肉部分。

> **相关病症**
> 胃肠不适
> 便秘
> 糖尿病

 **菌类、藻类**

黑木耳

富含铁质和蛋白质的植物

黑木耳色泽黑褐，质地柔软，味道鲜美，营养丰富，可素可荤，不但为中国菜肴大添风采，而且能养血驻颜，祛病延年。现代营养学家盛赞黑木耳为"素中之荤"，其营养价值可与动物性食物相媲美。

对身体的益处

木耳中的胶质是一种可溶性膳食纤维，它可把残留在人体消化系统内的灰尘、杂质吸附集中起来排出体外，从而起到清胃洁肠的作用。

黑木耳中的可溶性膳食纤维可以减少脂肪和胆固醇的吸收，所以对由于胆固醇结晶生成的胆结石等有一定的预防作用。

黑木耳含有维生素K，能减少血液凝块，预防血栓的发生，有防治动脉粥样硬化和冠心病的作用。

它含有抗肿瘤活性物质，能增强机体免疫力，经常食用可防癌抗癌。

摄取方法

干木耳烹调前宜用温水泡发，泡发后仍然紧缩在一起的部分不宜吃。也可以选用木耳多糖提取物来保健或预防"三高"、肿瘤等疾病。

鲜木耳含有毒素，不可食用。

相关病症

贫血
动脉粥样硬化
癌症

海带

给成长期儿童补充钙质和碘

对身体的益处

海带中含可促进消化吸收的"碘"，其含量比其他海藻类多，除了能帮助制造能活化新陈代谢的甲状腺素以外，在保持血管弹性、预防高血压方面所发挥的效果也深受关注。

海带含有一种二十碳五烯酸的不饱和脂肪酸，它能使血液的黏稠度降低，减少血管硬化的可能。

另外，在许多食物中含量比钙质还多的"磷质"，在海带中的含量反而较少，因此被认为是能够帮助有效摄取钙质的食物，建议骨骼脆弱的中、老年人及成长期的儿童应该积极摄取。另外其中含有的昆布氨酸也有降血压的效果。在以长寿著称的日本冲绳县为首的许多日本的长寿村里，海带自古以来即被当作日常食品选用。

海带的主要成分是"糖"，其中一种名叫"岩藻多糖"的物质有抗肿瘤的作用，岩藻多糖是由多种单糖排列而成的极端高分子多糖。岩藻多糖从结构上可分为F和U两种类型，能把癌细胞赶入绝境的是U–岩藻多糖。有研究证明海带对癌（尤其是大肠癌）有一定疗效。它可以排除癌细胞对人体胃、肠的影响，防止胃肠癌的发生。

海带中还含有大量的甘露醇，而甘露醇具有利尿消肿的作用，可防治肾功能衰竭、老年性水肿、药物中毒等。

而作为一种碱性健康食品，海带中富含碘、铁、钙等营养元素，可有效调节血液酸碱度，避免体内碱性元素（钙、锌）因酸性中和而被过多消耗。女性由于生理原因，往往造成缺铁性贫血，多食海带等海藻可有效补铁。

摄取方法

海带在直接使用时，为了使含有美味成分的白色粉末不被洗掉，可以用布轻轻地将脏的部分清除。在熬煮高汤或煮饭时，如果将海带放在锅里一起煮，则建议不要过量，加入适量的海带即可。另外，位于海带根茎部的"海带根"也被认为具有很高的营养，但在烹调处理时比较费劲。浓缩海带补充剂、糊状食品、饮料等也是不错的摄取方法。

虽然海带有许多保健效用，但也不能因为对身体好就大量摄取。摄取过多反而可能成为引起其他病症的原因。比如要预防甲状腺肿，就应该避免碘摄取过量或不足。所以，食用海带也一定要适量，不可把海带视为主菜天天吃，过多食用海带对身体健康也是没好处的。

相关病症

血管老化
高血压
癌症
贫血

绿藻

富含优质蛋白质的成碱性食品

对身体的益处

绿藻能治疗及改善许多疾病、缓解多种不适症状，如今已是得到许可的医药品添加物。它是栖息在淡水的一种浮游生物，呈宝绿色，属于绿藻类。几乎是取之不尽的绿藻，其成分中有60%是优质蛋白质。自1890年被微生物学家发现后，就被称为"未来世界的营养素"而受到关注。对于绿藻的研究及应用的历史相当悠久。最初绿藻是被当作蛋白质的供给来源，作为滋养身体的补充剂。但是近年来已广泛被运用在提高抵抗力的碱性食品上。

绿藻的构成成分中有优质蛋白质、糖类、叶绿素、多种矿物质、维生素

A、维生素E、所有B族维生素、叶酸及核酸等丰富的营养素。绿藻能够在其细胞内合成人体正常生命活动时所需的必要物质，并且合成过程中产生的绿藻萃取物能使人体免疫力恢复正常。在绿藻萃取物的成分中，有一种"S-核苷酸多肽"，可促进造血，对改善贫血有效。

由于绿藻的成分种类很丰富，故被称为"完美的食物"。

随着年龄增长，一般人眼睛内的叶黄素浓度会减弱，绿藻含有充足的叶黄素，经常吃些绿藻，可以帮助我们补充叶黄素，有益于眼睛的健康。

多吃蔬菜水果有助于养颜美容，而食用绿藻对肌肤健康更为有效。绿藻叶绿素含量为一般植物的10～30倍，且含大量SOD（超氧化物歧化酶），SOD可保护细胞的DNA使其避免自由基氧化作用的损害。这些对维持健康的碱性体质、促进肌肤新陈代谢、排除体内毒素，预防皮肤干燥粗糙、增加皮肤抵抗力、延缓皮肤的老化等都有作用。

此外，维生素B_{12}一般只存在于动物性食物中，但绿藻本身也含有维生素B_{12}，对于素食者而言，绿藻是天然且良好的植物性维生素B_{12}的补充来源。

绿藻还能帮助清除体内积压的有毒重金属，尤其是铅、镉、水银等多种有机毒性化合物。

摄取方法

绿藻制品有片剂、粉末及萃取物等，据研究报告显示，空腹时服用效果更佳。

刚开始服用绿藻时，有些人可能会出现胀气及胃肠道器官的不适。排出绿色粪便，或发生湿疹、皮肤肿胀等现象，也可能出现过敏症状，应多多注意。另外，正在服用抗血栓治疗的人，由于绿藻含丰富的维生素K，可能会阻碍药效，也请注意。

相关病症

动脉粥样硬化　　肥胖
贫血　　皮肤老化
眼部病症

螺旋藻

富含多种营养素，补给均衡营养

对身体的益处

螺旋藻属于蓝藻的一种，在阿拉伯半岛的死海、南美洲大陆等多处可见的高盐分湖泊中繁殖。早在16世纪的阿兹特克王国就已有食用螺旋藻的经验。单就食品而言，其食用历史久远，令人难以想象。

在每100克的干燥螺旋藻中，蛋白质含量多达60~70克，此外也含有维生素A（其β-胡萝卜素是菠菜的64~75倍）、钾、叶绿素等多种丰富的营养素，是改善现代人饮食不均衡的绝佳食品。在丰富的营养素中，螺旋藻中所特有的蓝藻素的蓝色色素成分拥有强大的抗氧化作用，因其可防止胆固醇氧化，所以能把含有胆固醇的胆汁酸包覆起来排出而防止胆结石发生。此外，螺旋藻的营养素与一般食品比起来，其细胞壁较柔软，更益于消化、吸收，因此对罹患糖尿病、因减肥需要限制热量、因肝病而需要补充高效率营养素的人来说，是非常适合的保健食品。

螺旋藻含有丰富的植物蛋白，多种氨基酸、微量元素、维生素、矿物质和生物活性物质，可促进骨髓细胞的造血功能，增强骨髓细胞的增殖活力，促进血清蛋白的生物合成，从而提高人体的免疫力。

螺旋藻所含脂肪均为不饱和脂肪酸，不含胆固醇。同时富含叶绿素，以及丝氨酸、钾盐、维生素B_6等，能帮助人体合成胆碱，降低血压，防止和减轻动脉硬化。螺旋藻中的γ-亚麻酸能够降低人体血液中的胆固醇浓度，可降低血黏度，保持血管弹性，有预防心脏病和中风的作用。

螺旋藻富含叶绿素、植物性蛋白，再加上维生素B_1、维生素B_2、泛酸、锌和钾，可预防或减轻糖尿病的发生和发展。

同时，螺旋藻中含有大量镁，可帮助维生素B_6的吸收，又富含可溶性膳食纤

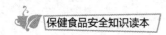

维，能促进胃肠蠕动，可缓解痔疮和习惯性便秘。

螺旋藻中的β-胡萝卜素可有效抑制自由基，并且螺旋藻多糖、藻蓝蛋白公认有抗癌、抗肿瘤的作用，对预防肿瘤、抑制癌细胞生长有着肯定的效果，同时对减轻肿瘤在"化疗、放疗"过程中所发生的机体损伤性副作用有良好的效果。

对消化道的上皮细胞修复、再生和正常分泌功能，螺旋藻都极具效果，尤其对癌前病变的萎缩性胃炎更有独特效果。

螺旋藻的γ-亚麻酸、丰富的β-胡萝卜素与超氧化物歧化酶对保持皮肤生理弹性，消除色斑有良好的功效，还具有护肝功能。

摄取方法

螺旋藻可由保健食品中摄取，一般多将螺旋藻干燥而成的粉末凝固成片剂，也有制成颗粒状或加工成浓缩物的制品。一天摄取量以2~6克为标准。

最近已知由螺旋藻的叶绿素分解而成的脱镁叶绿酸盐，是引起皮肤障碍的常见原因，因此必须注意其含量及摄取量。

相关病症

高胆固醇血症	便秘
癌症	肥胖
高血压	营养失衡
肝病	

植物性油脂类

橄榄油

最完美的油脂，地中海膳食模式的代表

橄榄油被认为是迄今所发现的油脂中最适合人体营养的。由于橄榄油在生产过程中未经任何化学处理，所有的天然营养成分保存得非常完好，不含胆固

醇，消化率可达到94%左右。橄榄油对婴幼儿的发育极为适宜，其基本脂肪酸的比例与母乳非常相似。无论是老年时期，还是生长发育时期，橄榄油都是人类的最佳食用油。

对身体的益处

橄榄油可以给任何烹饪物增添独特风味，从浅淡到浓烈，从甜蜜到辛辣，样样俱全，品种多样。它能增进消化系统功能，激发人的食欲，并易于被消化吸收。

橄榄油中含有比较高的单不饱和脂肪酸、丰富的脂溶性维生素（如维生素E、维生素A等）及其他抗氧化物质（如胡萝卜素、多酚类、鲨烯等），并且不含胆固醇，因而人体消化吸收率极高。它有减少胃酸、阻止发生胃炎及十二指肠溃疡等病的功能；并可刺激胆汁分泌，激化胰酶的活力，使油脂降解，被肠黏膜吸收，以减少胆囊炎和胆结石的发生。

橄榄油中含有一种多酚抗氧化剂，它可以抵御心脏病和癌症，并能与一种名叫鲨烯的物质聚合，从而减缓结肠癌和皮肤癌细胞的生长。它具有良性的"双向调节"作用。橄榄油中的ω-3脂肪酸能增加氧化氮这种重要的化学物质含量，可以松弛动脉，从而防止因高血压造成的动脉损伤。另外ω-3脂肪酸还可以从两个方面防止血块的形成。首先，它能降低血小板的黏稠度，让血小板与纤维蛋白原不易缠绕在一起；其次，ω-3脂肪酸能降低纤维蛋白原的量，也就大大减少了血栓形成的机会。此外，ω-3脂肪酸（多不饱和脂肪酸）还可以增加放疗及化疗的功效，放疗及化疗是通过自由基的爆发攻击癌细胞膜，来杀死癌细胞的。当癌细胞膜受到足够的伤害时，癌细胞就会发生自毁作用。而ω-3脂肪酸让癌细胞膜更易受到自由基的攻击，从而增加了化疗和放疗的功效。

世界卫生组织的调查结果表明：以橄榄油为食用油的希腊，心血管系统疾病和癌症发病率极低。究其原因，与希腊当地居民长期食用橄榄油有密切关系。橄榄油被西方人誉为"美女之油"和"可以吃的化妆品"，可以直接作为美容护肤品使用。无论食用还是外用，都能防止皮肤皱纹的出现，使皮肤有弹性、光泽而柔嫩，同时还有利于减肥。

摄取方法

初榨橄榄油带有橄榄果的清香，特别适合凉拌，精炼橄榄油可用于烧煮煎炸。

橄榄油一加热就会膨胀，所以烹制同一个菜，需要的量比其他种类油所需量要少。

因其中的果味易挥发，保存时忌与空气接触，忌高温和光照，且不宜久存。

相关病症

心血管疾病
肥胖

小麦胚芽油

用维生素E的力量保持年轻态

对身体的益处

小麦的麦糠就是小麦胚芽，从胚芽中抽提出来的油称为小麦胚芽油。本来小麦是营养均衡的优良谷类食品之一，但由于生产面粉的时候已经需要去除其中不到2%的胚芽，反而使面粉损失了最富有营养的部分。

小麦胚芽是脂质、维生素、矿物质、膳食纤维和蛋白质的宝库，特别值得一提的是其中维生素E含量丰富。占维生素E 70%的α-生育醇具有防止过氧化脂质生成的作用，能保持血管的年轻，降低血液黏稠度，因此，除了能提高大脑供氧外，还能活化细胞，促进细胞新陈代谢。其抗氧化作用还能预防皮肤黑斑及恢复生殖功能，可帮助维持身体的年轻状态。

此外，所含的维生素B_1对疲劳、便秘、手足麻木的预防和改善有效。近年来，由于年轻人迷恋吃洋快餐、喝碳酸饮料，导致缺乏维生素B_1而感觉四肢乏力、容易疲劳，经常感觉不适。对这些人，建议在饮食中加入可补充维生素B_1的小麦胚芽及小麦胚芽油。

小麦胚芽及小麦胚芽油在促进糖类代谢，加强钙质的吸收上也卓有成效。值得注意的是小麦胚芽油饱含亚麻油酸及次亚麻油酸等人体所必需的不饱和脂肪酸，因此，兼有小麦胚芽的功效以及优质脂肪的特殊功效。

小麦胚芽中含有谷胱甘肽，它可以避免体内过氧化物的形成，并且具有保护大脑、促进婴幼儿生长发育的功效。

摄取方法

如果着重于补充多不饱和脂肪酸来保持皮肤滋润，则小麦胚芽油比小麦胚芽更适合人体，因为小麦胚芽油里含有较多脂溶性的维生素E。如果期望消除便秘与痔疮，则可摄取小麦胚芽，制品有粉末及麦片等，但其脂肪含量各有不同，对于患高脂血症的人，建议在选用前先检查标示的脂肪含量。

相关病症

动脉粥样硬化

疲劳

黑斑

便秘

芝麻油

防止身体生锈的优秀抗氧化剂

对身体的益处

芝麻原产于印度及埃及，其诱人的香味及优异的营养价值使它自古以来就成为我国烹调中不可缺少的原料。芝麻有黑、白、茶、金四种，其中被认为抗癌效果卓越的是黑芝麻，其色素中的花青素具有抗氧化作用，可以提高机体免疫力。而白芝麻的成分有一半以上是油

脂，多作为芝麻油的原料，其油脂中亚麻酸的含量特别多。芝麻成分中含量最多的芝麻醇的保健效用也不容忽视。它对于脑神经细胞及神经胶质细胞有一定的保护作用。芝麻成分中的芝麻素能帮助酒精在体内代谢，可防止宿醉，预防肝功能障碍。有报告显示，它与维生素E一同摄取有助于抑制过敏。

摄取方法

选用芝麻和芝麻油都可以得到所需的营养物质。直接适量食用芝麻也是一个比较好的选择。由于没经过提炼精制等加工过程，芝麻相比芝麻油保存了更多了营养素。但无论是芝麻还是芝麻油，都含有大量油脂，能量很高，大量摄取会导致肥胖，应注意适量。

相关病症

大脑老化
动脉粥样硬化
高胆固醇血症
癌症

 # 药用植物类

冬虫夏草

提高免疫力，预防癌症及糖尿病

对身体的益处

冬虫夏草除了含有丰富优质的蛋白质外，也聚集了人体所必需的优质且均衡的18种氨基酸，并含有硒、锌、磷、锰、镁、铁、铜等多种矿物质，还含有丰富的具抗氧化作用的超氧化物歧化酶。

冬虫夏草有影响机体代谢功能、人体内分泌系统功能和抑制平滑肌的作用。人体在过度运动后就会导致体内的自由基大量增加，由此而产生的丙二醛就会对细胞有毒性作用，这是造成人体疲劳的主要原因。而冬虫夏草能明显地抑制脂质过氧化，减少自由基的产生，使丙二醛含量显著下降，保持细胞膜的正常功能，从而有效地保持人体各项功能正常，达到抗疲劳作用。

冬虫夏草富含虫草酸、虫草素、虫草多糖三种特殊的成分。虫草酸能降血压及预防心绞痛、心肌梗死。研究发现，冬虫夏草具有钙离子拮抗剂的功能，能调整因精神压力及生活方式紊乱所导致的血液黏稠，使血液清澈，循环顺畅。虫草素能促进骨髓造血，增强血小板生长以及提高机体免疫力，阻断体内癌细胞的合成。虫草多糖也能提高免疫力，目前医学界已经认可其增强巨噬细胞功能的作用，也获得了医学界认可，能够防止癌细胞扩散，并抑制白细胞减少。目前，其对艾滋病病毒的作用也颇令人期待，正在进行研究开发。

摄取方法

现在，市场上除了冬虫夏草干燥品外，也有粉末、胶囊、饮剂等各种产品。临床上已将其作为药物使用治疗慢性肾病、心脏病等。干燥的冬虫夏草除了可以加热水泡煮出有效成分饮用外，加入白酒或黄酒中浸渍约1周，制成冬虫夏草酒来饮用也不错。也可以将冬虫夏草当作烹调菜肴的材料。

相关病症

动脉粥样硬化
高胆固醇血症
疲劳
心绞痛、心肌梗死
癌症

高丽参

消除疲劳，强身健体

对身体的益处

高丽参这里特指刺五加科同名多年生草本植物的根茎，其本身既是一味中药，也是我国2000年前就已经广泛使用的滋养、强壮身体的补品，是功效多样，具有代表性的一种保健食品。

高丽参的诸多功效大多是因为其成分中的高丽参皂苷和所含的维生素、矿物质等综合作用而产生。这些营养成分能够提高人体自身的免疫力，消除身体及精神上的疲劳，使身体产生活力，并帮助机体各种异常状态恢复正常，维持良好的体内循环。还可改善老年人的大脑功能，特别在注意力集中及长时间思考能力方面有改善，对智力、记忆力减退及思维迟钝有兴奋作用。有研究显示，将高丽参蒸热，用热风干燥后制成的"红参"有较强的抗癌功效。除皂苷外，高丽参还富含氨基酸、多肽聚葡萄糖等成分，它们也具有各自的保健功效。比如属于氨基酸类的精氨酸能够帮助生成有助于扩张血管的物质。

除了以上这几种功能外，高丽参还有以下几种作用：一是能促进大脑对能量物质的利用，可以提高学习记忆能力。二是能增加心肌收缩力，减慢心率，增加心输出量与冠脉流量，可抗心肌缺血与心律失常。三是能降低血糖，改善血脂，可降低血中胆固醇与甘油三酯，升高高密度脂蛋白胆固醇，具有抗动脉粥样硬化之功效。四是具有增强性功能和促进性腺功能及发育的作用。五是可以增强机体的免疫功能。六是提高对有害刺激的抗御能力，可增强机体的应激能力和适应性。七是可以改善造血功能。此外，高丽参还具有抗辐射、抗病毒、抗肿瘤、抗休克等多方面的作用。

摄取方法

高丽参泡煮后服用最有效。如果要滋养身体，保持强壮，可每天摄取1.5～5克。此外，也可通过高丽参制成的茶叶包、颗粒或饮用剂等摄取。

高丽参的功效已达治疗用中药的程度，服用的时候必须注意使用的方法及摄取量。以下4种禁止使用的情况需要牢记。对于不在这个范围而心存疑虑的情况，可咨询医生或相关专家以保证能够正确服用。

应该避免摄取的情况：①因肾脏功能障碍而

相关病症

疲劳
贫血、体质虚弱
头昏晕眩
动脉粥样硬化
心肌缺血
糖尿病

尿量少或有浮肿症状。②感冒等有发烧症状时。③因长期摄取高丽参导致失眠、心悸、血压上升、头痛者。④因高血压引起头昏、燥热症状者。摄取过量有引起脑出血的危险。

功能多样，能帮助调整体质

对身体的益处

山人参是生于山中的芹科植物，有"神草"之美誉，受到各方瞩目，现代医学也在对其成分进行研究。山人参含有香豆素类化合物、白芷素、乙酰胆碱等有强大药效的成分，其中香豆素是芹科植物所富含的物质，能促进血液循环。山人参有许多功效，其中之一就是增进胰岛素分泌，活化胰岛素，对改善糖尿病症状颇有效果。

山人参抑制血压上升的作用也获得了医学界认可。血压上升主要是因血管紧张素 II 收缩血管而引起，血管紧张素 II 是从血管紧张素 I 转换而来，这个过程需要血管紧张素转换酶的参与，而山人参成分能阻断酶的作用，直接造成血管紧张素 II 无法被制造。此外，山人参还能抑制肾上腺素的作用，进而抑制毛细血管收缩，改善血液循环。如果血液循环得到改善，就能舒缓肩膀酸疼、手脚冰冷及头痛等症状。

山人参还具有活化自然杀伤细胞、强化免疫、抗过敏及抗癌的作用，其对预防脱发、抑制脂肪在肝脏蓄积、减轻癌症患者疼痛等功效，正在积极研究中。

摄取方法

除了山人参粉末及片剂外，也有萃取物制品。当然，也可将山人参根削成片状，加水煮沸约30分钟后当茶饮用。如果要泡茶，使用粉末茶包更方便。

相关病症

糖尿病

高血压

过敏反应

田七

极佳止血作用，可调整血液循环

对身体的益处

田七与高丽参一样都属于五加科植物，与高丽参不同的是，田七被当成中药使用。田七以根入药，田七根比高丽参稍圆，并且要长3~5厘米。因栽植费时费力，自古就有"金不换"之称，是非常贵重的药材。

田七除了含有与高丽参相同的人参皂苷，还含有田七素、皂苷、有机锗等成分，尤其是被称为田七素的氨基酸，是田七所特有的成分。田七素能缩短凝血时间，并使血小板增加从而起到止血及止痛作用，不止在外伤上，对胃溃疡等内脏出血也有功效。田七含有多种皂苷，可增强运动员的体力和耐力，有强心作用。田七中的主要成分皂苷，与人参皂苷极为类似，不但可降低血中胆固醇值，还能促进血液循环，而血液循环的改善对预防高血压、心脏病等也有效果。此外，它还能提高免疫力，具有抗癌作用。这应是与田七中所含的有机锗作用相乘的结果。因为要预防病毒感染，细胞必须不停地制造一种称为干扰素的物质，而有机锗具有诱发体内干扰素产生的作用，因此对预防癌症也发挥很大的效用。有机锗对肝脏细胞也有再生的作用，对因酗酒而引起的肝功能低下颇有成效。

摄取方法

田七的保健食品有粉状、颗粒状及萃取精华液等。如果要保持身体健康，中药成分一天可以2~5克为标准，分数次服用更有效果。也可以茶包方式，泡成茶来饮用。

相关病症

高血压
糖尿病
高胆固醇血症
肝功能低下
疲劳
内脏出血

艾草

健胃、镇痛、调节体质

对身体的益处

在冬天干枯的草中，最早露出绿色叶子，就像是告知春天来临的就是艾草。它们是在住家附近常见的菊科多年生草本植物，其地下茎会四处伸长，很容易繁殖，是人们极为熟悉、常用的植物。将其嫩叶煮熟后加入糯米团中做成的艾草饭团，其独特的香味常勾起异乡人的乡愁。艾草自古就被用于治疗刀伤、食物中毒及止泻等，外用内服皆可。在夏天时割取茂密生长的艾草，将其晒干，用臼捣碎，收集其棉毛就可用以艾灸。

艾草在中药里称为艾叶，用于健胃、镇痛。在欧洲，则当成治疗风湿病及不孕症的药草。艾草含有维生素A、维生素B_1、维生素B_2、维生素C，以及钙、磷、多糖类、酶等成分。其中含量最多的是维生素A，能保护身体远离氧自由基的危害，预防癌症。艾草含的精油成分桉油酚及α-侧柏酮，除使艾草具有独特的香味外，对温热身体、健壮肠胃，对虚寒证、腰痛、痛经、月经不调、肌肉痛、神经痛、风湿病、气喘、支气管炎、贫血等也具有功效，还能增进食欲。艾草良好的止血作用也受到肯定，艾草对于防止细胞及血管老化也极有帮助。

摄取方法

艾草的干叶片加冷水煮沸后饮汤可让呼吸舒服顺畅。另外，将干叶片泡煮后加入蜂蜜饮用，对小儿夜啼症颇有效果。将等量的艾草与生姜泡煮后饮用，可改善血便。将艾草根泡酒能预防哮喘。

相关病症

贫血
肠胃不适
癌症
疼痛
风湿病

杜仲

有助减肥，并抑制血压上升

对身体的益处

我国自古就利用杜仲的树皮当作药材来强化脏器，消除疲劳。近年来发现杜仲的叶子也有药效，开始将嫩叶晒干后做成杜仲茶饮用。杜仲的叶子除了含有蛋白质外，还含有丰富的钙、磷、钾、锌、铁等矿物质。

最近特别受瞩目的是杜仲茶的降血压功效。研究发现，这与杜仲茶中所含的苷类有很大关系。杜仲茶苷类中含有栀子苷酸及松脂醇二葡萄糖苷。这些物质能刺激副交感神经，使血管扩张，血流阻力变小，从而抑制血压上升。同时，由于末梢血管扩张的缘故使血液循环变好，对改善手脚冰冷、腰痛、肩膀酸疼等症状也有效果。杜仲叶的苷类也能改善风湿病及神经痛的症状，还可以利尿，预防记忆力衰退，预防流产。有资料认为，用杜仲叶制作的保健品抗氧化效果比维生素E要好。杜仲可促进人体皮肤、骨骼和肌肉中胶原蛋白合成和分解，促进代谢，预防衰老，预防人体肌肉和骨骼老化，预防骨质疏松等。

研究发现，杜仲茶也能使人体内脂肪减少，除了有瘦身效果外，对高血

压、高胆固醇血症及动脉粥样硬化等也颇具效果，这可能还是栀子苷酸及松脂醇二葡萄糖苷的作用。此外，杜仲茶中所含的蛋白质有促进胶原蛋白新陈代谢的作用，可使肌肤美白，消除老人斑，增加头发黑色素细胞，提高头发黑色素细胞的活性，防止白发。

摄取方法

将约3克的杜仲茶叶加入1000毫升的水煮沸，煮出茶色即可。一天大约可以饮用1000毫升。由于杜仲茶中富含钾，因此，正在服用高血压治疗药的患者或患有严重肾脏病者，应避免摄入过多的杜仲茶。

相关病症

肩膀酸疼

肥胖

高血压

由杜仲浓缩精制造的饮料被当成预防高血压的保健食品，可在市面上买到。

刺五加

调节血压及血中胆固醇，强化体质

对身体的益处

刺五加与人参同属五加科植物，野生于我国东北部、西伯利亚、朝鲜、日本北海道东部等严寒之地。刺五加在俄罗斯称为Ereuterokoku（"生命之根"的意思），我国和俄罗斯对其药效进行了大量研究。

刺五加的主要成分是刺五加苷A~G 7种苷类，其中，包括能调节血中胆固醇的固醇、可降低血压及平衡自主神经的香豆素、有抗疲劳及抗兴奋作用的紫丁香素、能抗氧化及抗心脏冠状动脉扩张的类黄酮素等。这些物质能促进新陈代谢，消除疲劳，强壮身体，增进食欲，提升注意力，并能强化对压力、疾病及酒精等的耐受力及抵抗力。国外实验资料证明，刺五加对中枢神经系统兴奋与抑制均有影响。刺五加不仅改善兴奋过程，而且加强抑制过程，使抑制趋于集中。临床上对神经衰弱、失眠等有一定疗效。另有报告显示，刺五加对恢复及强化男性性功能也有效果，是值得男性关注的保健食品。近来，我们还发现刺五加对调节血压、改善血液循环及预防癌症都有较好的作用。

摄取方法

刺五加的药用成分多半在其根茎部，保健食品的原料即是浓缩自根茎部的萃取物，再加工成药片、胶囊及饮料，也有茶类。

刺五加起效需时较长，长期服用才能活化身体功能，改善体质，因此，就算没有即时的效果，也要耐心服用。目前，还没有严重副作用的报告，但仍须遵照医生的指示服用。最佳摄取量以中药换算约为每天3克。

相关病症
疲劳
血压异常
性功能低下
癌症

板蓝根

对防治感冒、流行性感冒等传染病有效

对身体的益处

板蓝根是中药的名称，是十字花科植物板蓝的根，主要产地在我国河北省、江苏省等地。中医学认为，板蓝根有解毒、解热的功效，在我国常用于舒缓感冒等病症上。现代研究表明，板蓝根主要含有靛蓝、靛玉红、β-谷甾醇、γ-谷甾醇、多种氨基酸以及板蓝根多糖等有效成分，具有抗菌、抗病毒作用，对金黄色葡萄球菌、链球菌、肺炎双球菌、脑膜炎双球菌、大肠埃希菌、痢疾杆菌、伤寒杆菌、流感杆菌等常见致病菌均有不同程度抑制作用；对短小芽孢杆菌、枯草杆菌亦有抑制作用。所以经常使用在预防流行性感冒上。板蓝根对炎症反应有明显抑制作用，还对舒缓病毒性肝炎、扁桃腺炎、支气管

炎等疾病伴随出现的发热症状有极大功效，同时还能抑制发炎症状，对青春痘、湿疹、疱疮及带状疱疹等有效果。板蓝根也常被使用于治疗慢性肝炎等疾病，还可舒缓腹胀或消化不良等症状。

摄取方法

板蓝根在家庭中被当成一般常备药来使用，最常见的就是将其萃取物加入砂糖做成糖衣片或冲剂。也可将板蓝根切取2~6克，泡煮后当茶饮用。

板蓝根对防治风热性感冒等确有一定作用，但对风寒等其他类型感冒则不一定适合。人在健康状态下过多服用板蓝根，会伤及脾胃。极少数有过敏史者，不要轻易服用。至于感冒症状严重的发热患者，则必须尽快到医院就诊。

相关病症

感冒
流行性感冒
肝炎

车前草

利用膳食纤维调节肠内环境

对身体的益处

车前草主要在地中海地区及印度等地栽培，其种子被一层白色半透明的薄膜覆盖，这层薄膜含有相当丰富的不溶性和水溶性膳食纤维，可以当成食物食用。

因所含不溶性膳食纤维会吸水膨胀，能促进肠蠕动，增加排便量，在调节肠内环境上具有相当优越的功效，车前草种皮自古以来就被当作治疗便秘的良药。此外，车前草种皮在吸收水分后，可膨胀30~40倍，能使胃部得到饱胀感，因此，对减肥也有帮助。同时，水溶性膳食纤维因具有在体

内呈胶状的特性，因此食物在胃中的排空速度会变得缓慢，一同摄入的碳水化合物的消化吸收速度也会变慢。就是说，它可以抑制血糖值急速上升，防止胰岛素大量分泌，因此，车前子种皮可以预防因胰岛素相对不足（胰岛素抵抗）所产生的2型糖尿病。车前子种皮还能抑制血胆固醇上升，对防止高脂血症及动脉粥样硬化也有一定功效。

摄取方法

车前草被当作保健食品成分已经应用多年，由于其具有吸水膨胀的特性，所以，服用时一定要多摄取水分。但摄取过多的水分也会引起胃胀及腹泻，因此需要注意不要超量服用。此外，需注意，摄取过量车前草可能会抑制铁质及脂溶性维生素的吸收，因此，摄取时需同时补充铁质。

相关病症

便秘
肥胖
糖尿病
高胆固醇血症

银杏叶

促进血液循环，预防及改善痴呆症

对身体的益处

银杏叶萃取物是将银杏叶干燥后，用酒精溶解出的成分。它能促进血液循环及预防、改善老年痴呆症，在德国及法国，是得到认可的改善血液循环的药物，被利用在脑梗死等脑血管疾病、阿尔茨海默病以及脑血管性痴呆等疾病的治疗上。

银杏叶萃取物的主要成分是类黄酮及银杏苦内酯。银杏叶萃取物含有30种以上的类黄酮，其中以芸香苷等为首的类黄酮具有强大的抗氧化能力，能保护及强化毛细血管。银杏苦内酯是只存在于银杏叶里的物质，能促进血液循环，抑制血小板凝固，使人体不容易罹患血栓。银杏最为出众的抗衰老能力在于对血液循环的改善，能够帮助血液更顺利地通过最为细
小和狭窄的血管，使大脑、心脏和四肢的组织
中缺氧的部分获得营养，起到恢复记忆力和
消除肌肉疼痛的效果。银杏叶萃取物还能抑
制氧自由基制造过氧化脂质，防止脑细胞死
亡，及改善过敏。因为它能抗氧化及改善血
液循环，因此，也被认定能改善脑部功能，如记忆力差、注意力涣散、思考能力
降低、失眠，以及视力、听力衰退、老年痴呆症等因年龄增长所带来的症状。

摄取方法

银杏叶萃取物每天约可摄取120毫克，分3次于饭后食用，吸收会更好。由
于银杏叶中含有银杏酸这种过敏原，作为保健
食品的银杏叶萃取物已将银杏酸抽除，不容易
发生过敏。但对于银杏叶茶类的食品则可能未
经处理，应注意。另外，如果正在使用华法林
等抗凝血的药物，而应注意银杏叶萃取物有增
强抗凝的效果。

相关病症

高血压　　心脏病
健忘　　　癌症
大脑老化

桑叶

抑制糖类吸收，控制血糖值

对身体的益处

桑树的根、皮、叶子及果实都各有功效。相较于其他食品，桑叶的钙质是
高丽菜的60倍，铁质是油菜的15倍，β–胡萝卜素是菠菜的10倍，营养相当丰
富。桑叶还含有锌，以及有益于眼睛的多酚类及原花色素。桑叶最引人注意的还

是其独有成分——DNJ，其结构酷似葡萄糖，能抑制血糖上升。一般来说，多糖类物质在肠内被分解吸收需要先在肠内被分解成葡萄糖，而DNJ能抑制分解葡萄糖的酶α-糖苷酶的功能，最终达到阻碍糖类吸收的目的。如此一来，血糖值自然也能受到控制。

研究显示，DNJ还能够治疗高脂血症。如果高脂血症的症状长期持续，氧化的胆固醇便会附着在血管壁上，可能引起动脉粥样硬化。桑叶所富含的黄酮类物质有抗氧化的作用，可防止低密度脂蛋白胆固醇发生氧化。此外，桑叶除含有钙、钾等矿物质，也含有丰富的氨基酸，相信在今后的实验研究中还可再逐渐探索出其他的功效。

摄取方法

目前，在摄取桑叶萃取物时，一般都是当茶来饮用，也可利用桑叶的粉末或药片状的保健食品。几乎所有的桑叶制成品都含有DNJ及桑叶的其他成分，因此，与桑叶有同样的效果。如果要抑制血糖值上升，在餐前或餐中摄取最有效果。

> **相关病症**
>
> 糖尿病
> 高脂血症
> 动脉粥样硬化

动物类

乌鸡

能预防疾病的"药鸡"

对身体的益处

乌鸡原产于我国江西省，栖息范围除我国外，还有印度。乌鸡含有许多黑色素，从脸部到皮肤、肌肉、内脏，连骨头都是黑色的，这是其最大特征，也是其得名原因。

乌鸡是一种药用鸡，自古就深受中医青睐。乌鸡的药效在李时珍的《本草纲目》上就有记载，著名的乌鸡白凤丸对一些常见妇科疾病都能发挥效果，还能帮助受孕，是非常有效的药物。

与一般鸡肉相比，乌鸡有10种氨基酸，其蛋白质、维生素B_2、烟酸、维生素E、磷、铁、钾、钠的含量都较高，而胆固醇和脂肪含量则很少，它的鸡蛋富含EPA及DHA两种不饱和脂肪酸。这些成分有助于人体的血液循环保持通畅，预防生活习惯病，也有助于对记忆力的保护。

乌鸡的肉对于滋养身体、强壮体魄、消除疲劳、恢复精力、对抗外界压力等都有功效。乌鸡蛋富含硒，蛋白质含量也高于普通鸡蛋。乌鸡的蛋黄颜色金黄，含有能促进肝脏功能的蛋氨酸及卵磷脂等物质，能起到净化血液的作用。乌鸡的产蛋量比普通鸡要低，所以乌鸡蛋比较珍贵。

摄取方法

乌鸡的味道比一般大量生产的肉鸡滋味浓厚、多汁并且有嚼劲，乌鸡蛋也比普通鸡蛋甜而美味。另外，乌鸡的皮比一般的鸡皮厚，因此，用慢火炖是烹煮时的诀窍。作为食材的乌鸡比较珍贵，烹调方法也不简单，不过，市场上已经有各种形态的乌鸡保健食品，也可以用来比较方便地获得乌鸡带来的健康效果。

相关病症

疲劳
动脉粥样硬化
高血压
心肌梗死
脑梗死

牡蛎

被称为"海洋牛奶"的滋养圣品

对身体的益处

牡蛎作为一种海洋生物，富含优良蛋白质、维生素、矿物质等营养成分。

因有滋养身体、强壮体魄的功效，被形容为"海洋牛奶"。牡蛎萃取物是从生牡蛎中将有效成分抽提出来再加以浓缩而制成的，不论哪个季节都能轻松摄取到，所以很受欢迎。

牛磺酸本身也是氨基酸的一种，对改善肝脏代谢功能、维持血压正常、预防血栓、保持心脏功能稳定、分解体内的代谢废物及有害物质、抑制癌症发生等很有效，也能预防及改善肝病、高血压、低血压、脑梗死、心肌梗死、癌症等，此外，还可帮助恢复体力。

糖原被称为动物淀粉，是一种多糖，能够立即被人体消化吸收，平时储存在肌肉及肝脏内，在身体需要时，可立即转换为有效的能源。糖原能活化肝脏功能，使激素正常运作，从而带给人体活力。

锌是促进胰岛素分泌及激素代谢等生理反应所不可缺少的微量矿物质，亦有人称之为"壮阳矿物质"，对活化生殖器官及大脑功能有很大的功效。

牡蛎不止肉的部分，连牡蛎壳也有止汗、镇静及缓解紧张情绪的效果。牡蛎壳含有80%~90%的碳酸钙，少量磷酸钙、硫酸钙、镁、铝等无机物，有机物仅占约1.72%。同时，牡蛎也作为一种中药，被用于治疗神经质、盗汗、失眠及精神状态不稳定等症状。

摄取方法

牡蛎是一种美味的食物，直接食用既可享受美味，又可以补充蛋白质、锌、B族维生素、牛磺酸等多种营养元素。此外，也可以选用牡蛎制成的保健食品。牡蛎萃取物的营养特征是富含牛磺酸、糖原还有锌。目前，市场上有干燥粉末状、药片状、胶囊状、饮料型的牡蛎萃取物。干燥的牡蛎萃取物里，每100克含有约5克的牛磺酸、42克的糖原及18毫克的锌，每天摄取6~30克的牡蛎粉末，就能够补充成人每天所需牛磺酸的量。

相关病症

肝病　　　　疲劳
动脉粥样硬化　性功能减退
高血压　　　虚弱体质
癌症

鳖

供给身体优良的蛋白质，消除疲劳、增强性功能

对身体的益处

中国早在三千年前就对鳖的营养功效相当重视，并认为其对长生不老有益，是历史相当悠久的保健食品。现在野生鳖已经很少，几乎都是养殖的，但是就保健食品的种类来说，有精华素、颗粒、药丸、饮料剂等，也有经加工的汤或肉罐头等多种方式可方便选用。

鳖除了含有丰富优质的蛋白质、钙、维生素、矿物质外，还有许多动物中少见的亚麻酸，可防止多余的胆固醇沉积在血管壁。其中优质的蛋白质在被分解成氨基酸后，被运送到身体所需的地方。如果蛋白质摄入不够，就会使体质衰弱，引起贫血、性功能衰退等现象。此外鳖含有的铁及维生素B_{12}、叶酸等可提高造血功能、改善贫血。其中的钙质则可强壮骨骼，是男女老少都适合的保健食品。我国在传统上一直把鳖作为一种高级滋补保健食物，认为它能滋养强壮身体，还具有增加性功能的作用。

摄取方法

很多肿瘤患者选用鳖或鳖的制品来增强体质、促进康复；放化疗的患者也较多使用鳖和含有鳖成分的保健食品。中医学认为，摄入鳖及其保健食品应因人、因病、因时辨证选用：证有阴阳、气血、虚实之分，癌症患者手术后

相关病症

疲劳
贫血
性功能减退

身体虚弱，放疗或化疗过程中有阴虚表现时，可适当吃鳖来辅助治疗。

注意脾胃功能：鳖味厚，过于滋腻，如有恶心、呕吐、腹胀、腹泻、食欲极差、苔厚腻时，不宜吃鳖。否则，有可能出现相反效果。

根据病情灵活食用方法：早期，病轻、胃肠功能好者，可适当多吃一些，烹调时可红烧；对热毒损阴严重或晚期、胃肠功能差者，以清炖为宜。清炖时可加适量的虾米、香菇、火腿、生姜、黄酒等作料，并多喝些汤。

凡事都应适度，偏食鳖也不好，应注意其他各类营养要素的摄入。癌症患者吃鳖的数量和最佳食用时机，最好请有经验的中医指导。

蜂胶

抗菌、抗炎症，促进组织再生，提高人体自愈能力

对身体的益处

蜂胶是蜜蜂将从树上收集到的树脂，混合蜜蜂的分泌物后形成的物质，有强力杀菌、消毒的作用。蜂胶的应用其实已经有非常久远的历史，早在古埃及时就将其用于防止木乃伊的腐败上。在古希腊、古罗马残存的文献中，也有将蜂胶用于皮肤疾患、刀伤、预防及治疗传染病等的记载。

蜂胶的主要成分是树脂、蜜蜡、精油、花粉等，也含有机酸、脂肪酸、氨基酸、矿物质、维生素等成分。蜂胶中分离出的蛋白质成分有酶类和氨基酸，其中淀粉酶、脂肪酶、组织蛋白酶和胰蛋白酶等对预防和治疗疾病方面有突出功效，如我们常见的血栓症、血瘀症、癌症有极好的调理作用。蜂胶中的有机氨基酸对组织有刺激再生作用。

蜂胶具有良好的成膜性，能够在黏膜上形成一层酸不能渗透的薄膜。利用蜂胶这一特性，人们应用蜂胶治疗胃及十二指肠溃疡，多数患者食用蜂胶后快速止痛，症状好转，胃酸趋于正常，胃分泌功能恢复正常。

目前有些资料认为，蜂胶对多种慢性疾病都有一定的治疗效果，如控制血糖、预防糖尿病的多种并发症以及控制急性感染、治疗肾病、视网膜微血管病变和动脉粥样硬化引起的心脑血管病变等。但确切效果仍有待于进一步的研究来证实。另外，也有研究认为，蜂胶能刺激免疫功能，增加抗体生成量，增强吞噬细胞活力，是一种天然的高效免疫增强剂。所以患有血糖异常、抵抗力低容易发生感染的人群可以适当选用蜂胶制品。

对于更年期障碍的治疗，蜂胶同样具有一定的效果。因为蜂胶中含有的丰富营养素与活性物质，能增强细胞的活性、促进组织再生、抗菌消炎、修复病变损伤的组织器官及其功能，还能促进内分泌活动，调节自主神经功能，有效治疗因更年期引起的精神倦怠、烦躁、性功能减退及器官组织衰老等症状。

蜂胶含有约40种类黄酮，可以改善血管的弹性和渗透性、舒张血管、清除血管内壁积存物、降低血液黏稠度、改善血液循环状态和造血功能等，能保护人体的毛细血管，使其保持通畅，并提高人体的自愈能力及抗癌能力等，功效很多。

摄取方法

将蜂胶作为保健食品使用时，应注意并非一定都有功效，因为蜜蜂会在飞行范围内的各种不同的树木上收集树脂，比如说，以含有大量能抗菌、抗炎症、强化免疫力等成分的尤加利树以及白杨树的树脂为主要成分的蜂胶，就可能对上述症状有功效；而在针叶林中栖息的蜜蜂所采的蜂胶，则能对外伤及皮肤炎有所助益。因此，不同产地的蜂胶，实际效用也可能不同，选择符合自身症状的蜂胶就很重要。

另外，蜂胶的服用量及效果也因人而异，并且目前也有对蜂胶过敏的报道，内服时，最好以低剂量（如500毫克）开始，如没有过敏反应，再将剂量提高。外用时，可先以少量液体蜂胶滴在完好未受伤的皮肤上，静待10~15

相关病症

动脉粥样硬化
便秘
胃肠道疾病
湿疹、皮炎

分钟，如无过敏反应发生，再涂抹于溃疡或受伤的部位。含蜂蜜或糖蜜等甘味成分的蜂胶不宜使用在伤口上，以免增加感染的机会。所以，最好先咨询医生再行选用。

蜂胶的保健食品有液状、颗粒状、胶囊、饮用剂等，可选择自己所需要的种类。

蜂王浆

能对更年期综合征及身体老化发挥威力的神秘食品

对身体的益处

蜂王浆是蜜蜂中蜂后的日常食物，含有工蜂体内合成的物质。蜂王浆含有40种以上的营养素，除了蜂蜜所含的必需氨基酸外，还富含其他类氨基酸，这些氨基酸构成了身体的蛋白质，拥有各自重要的功能。如赖氨酸能促进身体生长及维持身体功能；蛋氨酸能帮助肝脏解毒及预防脂肪在肝脏的堆积，促进肝脏功能；缬氨酸能帮助恢复体力，维持健康等。

干燥蜂王浆中有一半的重量都是蛋白质，其中独特的蛋白质Royalisin及羊脂酸就是可以有效延长蜂后生命的主要营养素。Royalisin是一种很有效的抗菌蛋白，它的作用就如同抗生素般，可抑制细菌的生长，含量高达3%的羊脂酸也同时具有抗菌、抗癌的功能。

蜂王浆还含有B族维生素、泛酸、乙酰胆碱、肌醇等营养素。泛酸可使俗称的"好胆固醇"增加，提高免疫力；乙酸胆碱能活化脑细胞及调节血压；肌醇能预防脂肪肝及肝硬化等。

蜂王浆还有一些独具的特殊营养素，其中之一是癸烯酸，它对改善自主神经失调症及更年期综合征很有效果。除了能促进脂质的分泌，还具有抑制癌细胞增生的作用。此外，还有腮腺素，对预防肌肉、内脏、骨骼、血管等身体组织的老化，具有相当优异的功效。

摄取方法

蜂王浆是少量使用就有效果的食品，没有必要一次大量摄取。其制品有胶囊、粉末等种类。蜂王浆中有些有效成分是怕热的，所以如果服用新鲜蜂王浆，应冷冻保存。

相关病症

更年期综合征
大脑老化
癌症
慢性前列腺炎
免疫力低下

蜂蜜

甜蜜的"老年人的牛奶"

蜂蜜是一种天然食品，味道甜蜜，所含的单糖不需要经消化就可以被人体吸收，对妇、幼特别是老人更具有良好的保健作用，因而被称为"老人的牛奶"。

对身体的益处

《圣经》里说"天堂，就是有牛奶加蜂蜜的地方"。蜂蜜与牛奶搭配食用，能起到最佳的互补效果。蜂蜜作为单糖，含有较高的热能，可直接被人体吸收；而牛奶尽管营养价值较高，但热能低，单独饮用不足以维持人体正常的生命活动。用牛奶加蜂蜜做早餐，人体不仅能够吸收足够的热能，所补充的维生素、氨基酸、矿物质等健康物质也更全面，可以让人整个上午都精神充足。

蜂蜜对肝脏有保护作用，能促使肝细胞再生，对脂肪肝的形成有一定的抑制作用。蜂蜜还能解酒。

便秘者长期服用蜂蜜，可润肠通便。

食用蜂蜜可迅速补充体力，消除疲劳，增强对疾病的抵抗力。

蜂蜜具有润肺止咳的作用。李时珍在《本草纲目》中写道："蜂蜜生凉热温，不冷不燥，得中和之气，故十二脏腑之病，罔不宜之。"所以蜂蜜常用来辅助治疗咳嗽及气管炎、咽炎等。

蜂蜜还有抗氧化作用，蜂蜜中含有较多的抗氧化物质，能帮助清除体内的氧自由基。

新鲜蜂蜜涂抹于皮肤上，能起到滋润和营养作用，使皮肤细腻、光滑、富有弹性。冬季皮肤干燥，可用少许蜂蜜调和水后涂于皮肤，可防止干裂。

摄取方法

1岁以内婴儿不可食用蜂蜜，以免因免疫功能差而容易发生中毒。由于蜂蜜含果糖量高，糖尿病患者最好不要食用。

食用蜂蜜时温开水冲服即可，不能用沸水冲，更不宜煎煮，以不超过60℃为宜，否则，蜜中维生素和酶将受破坏。蜂蜜不能盛放在金属器皿中，以免增加蜂蜜中重金属的含量。蜂蜜不宜和茶水同食，否则会生成沉淀物。

根据蜜蜂所采集的花的种类不同，分为枣花蜜、槐花蜜、葵花蜜、梨花蜜、荔枝花蜜、荆条花蜜、紫云英花蜜等。不同的蜂蜜口味不同，但成分大同小异。

蜂蜜吃法很多，可以温水冲服饮用，也可以和各类食物搭配食用。例如，可以将蜂蜜与面包、牛奶、果汁、粥类、汤类等早餐类食物搭配食用。

相关病症

便秘

脂肪肝

疲劳

酸奶

适合于所有人群的保健食品

对身体的益处

酸奶是牛奶经过发酵制成的，口味酸甜细滑，营养丰富，深受人们喜爱，专家称它是21世纪的食品，是一种功能独特的营养品。

酸奶不但具有新鲜牛奶的全部营养成分，而且能使奶中的蛋白质凝结成细微的小块，乳酸和钙结合生成乳酸钙，这些营养优势都使酸奶中的营养成分更容易被消化吸收。特别是牛奶中的乳糖，经乳酸菌发酵后大部分转变成半乳糖，非常适合乳糖不耐受的人群食用。此外，制作酸奶时，某些乳酸菌能合成维生素C，而使酸奶中维生素C含量增加。

酸奶能调节机体内微生物的平衡，增加胃酸等消化液的分泌，因而能增强人的消化能力，增进食欲。酸奶中的乳酸不但能使肠道内一些弱碱性物质转变成弱酸性，而且还能产生抗菌物质，对人体有保健作用。酸奶还具有降低血液中胆固醇的作用。墨西哥营养专家认为，经常喝酸奶可以防治癌症和贫血，并可治疗牛皮癣，缓解儿童营养不良。

酸奶所富含的维生素A、维生素B_1、维生素B_2、维生素E和β-胡萝卜素等，能够促进营养物质的代谢，维持上皮细胞的完整和功能，防止皮肤的老化和干燥，延缓皮肤的氧化衰老。

对怀孕的妇女，酸奶除能提供必要的能量外，还能提供蛋白质、维生素、叶酸和磷酸。对更年期妇女，饮用酸奶可以补充钙质，减轻由于缺钙引起的骨质疏松症。在老年时期，每天喝酸奶可矫正由于食欲降低或进食减少而引起的营养缺乏。

摄取方法

酸奶是幼儿较好的乳品，尤其适用于消化能力差、易腹泻的幼儿。使用抗生素、骨质疏松症患者、动脉硬化和高血压病患者、肿瘤患者以及年老体弱者宜常喝酸奶。建议每日150～250毫升。

空腹不宜喝酸奶，在饭后2小时内饮用，效果最佳。饮用酸奶不能加热，夏季饮用宜现买现喝。

酸奶中的某些菌种及所含的酸性物质对牙齿有一定的危害，容易出现龋齿，所以饮后要及时用白开水漱口。

胃肠道术后、腹泻或其他肠道疾患的患者不适合喝酸奶；对牛奶蛋白过敏者不宜喝酸奶；糖尿病患者选用时注意选择无糖酸奶。

相关病症

消化不良
骨质疏松症
贫血

奶酪

乳品中的精华，食物补钙的最佳选择

对人体的益处

奶酪是牛奶经浓缩、发酵而成的奶制品。它基本上排除了牛奶中大量的水分，保留了其中营养价值极高的精华部分，被誉为乳品中的"黄金"。每千克奶酪制品浓缩了10千克牛奶的蛋白质、钙和磷等人体所需的营养成分，独特的发酵工艺使蛋白质的吸收率达到了96%～98%。

奶制品是食物补钙的最佳选择，奶酪正是含钙最多的奶制品，而且这些钙很容易吸收。就钙的含量而言，40克奶酪相当于200毫升酸奶或牛奶。

奶酪能增强代谢，加强活力，增进人体抵抗疾病的能力，并保护眼睛健康，保持肌肤健美。奶酪中的乳酸菌及其代谢产物对人体有一定的保健作用，有利于维持人体肠道内正常菌群的稳定和平衡，防治便秘和腹泻。奶酪中的脂肪和热能都比较多，但是其胆固醇含量却相对比较低，对心血管健康有利。英国牙科医生认为，人们在吃饭时吃一些奶酪有助于防止龋齿。吃含有奶酪的食物有助于增加牙齿表层的含钙量，从而起到抑制龋齿的作用。

摄取方法

奶酪本身热量较高，多吃容易发胖。需要控制体重的人群可以选择低脂奶酪。另外，有些奶酪中盐分含量较高，有血压问题的人在选择时应多留意。

相关病症

骨质疏松症
龋齿

 菌种类

纳豆菌

促进益生菌增殖，清除肠道

对人体的益处

纳豆因其特殊的味道，喜欢与厌恶的人呈现两极分化，可以说是最具日本口味的食物。纳豆是将蒸好的大豆包在稻草梗中制成的，其特殊的口味就是由附着在稻草上的纳豆菌产生的。近年来，因为用纳豆菌或以纳豆菌做成的酶所制成的食品有很好的保健效果，纳豆受到众多关注。

纳豆的原材料——大豆本身就含有优质的蛋白质及卵磷脂、维生素、矿物质等，是完美的保健食品，加上在制作纳豆时，在发酵阶段，纳豆菌的增生能促使维生素合成，尤其是大量B族维生素（其中维生素B_{12}特别多）的合成，并使B族维生素对营养的消化及吸收率能从65%提升到90%以上。

在功效上，纳豆首先具有调节胃肠道的作用。纳豆菌不会完全被胃酸杀死，可以直接到达肠道，活化肠内益生菌从而抑制有害菌的增生，减少致癌物质及有害物质产生，有益于排出有害物质，改善便秘，减轻肝脏分解有害物质的负担，维持身体健康。

其次，纳豆能够强化肠道免疫功能，有效抑制有害细菌或病毒，保护身体不受病原菌侵害。纳豆还可诱导生成干扰素，使攻击癌细胞的免疫细胞活化，能帮助抑制癌症。

此外，纳豆中的纳豆激酶有溶解血栓的作用，能预防脑梗死及心肌梗死，对降血压及排除氧自由基也颇具效果。纳豆菌里还含有丰富的卵磷脂和不饱和脂肪酸等活性营养素，有助于改善年轻女性的生理功能、缓解更年期综合征、预防血管老化、减少脂肪堆积。

维生素K_2是骨质形成的原料之一，一般由肠内菌产生及一些绿色蔬菜中摄取，纳豆菌在发酵后会产生较大量的维生素K_2，数据显示长期食用纳豆者骨质疏松发生率要比不食用纳豆者低很多，又根据取样资料证明食用者血中维生素K_2的含量高于未食用者15倍之多。因此，纳豆对预防骨质疏松症也有一定效果。

摄取方法

纳豆中含有丰富的维生素K，与促进血液凝结及抑制血液流动的作用有关，正在使用凝血剂的患者，食用前须先咨询医生的意见。

在使用时除了选择纳豆外，也可用小麦胚芽及米糠培养出纳豆菌来制作纳豆萃取物。此外，因纳豆激酶不耐热，所以，最好不要对纳豆进行高温处理。

相关病症

血栓	癌症
脑梗死	便秘
心肌梗死	骨质疏松症
高血压	

啤酒酵母

啤酒制造过程中形成的保健食品

对身体的益处

啤酒是将麦芽煮熟后做成麦汁，再使其发酵而制成的。为了让麦汁发酵，需使用啤酒酵母。啤酒酵母富含蛋白质、膳食纤维、B族维生素、矿物质、核酸等多种营养素。其中占总营养素50%的蛋白质中含有所有人体所需的必需氨基酸。在二次世界大战前，为补充B族维生素等营养素，啤酒酵母就常被当成军队的营养食物。由于其含有丰富的B族维生素，能帮助供给热量并促进新陈代谢，对消除疲劳很有效，还能减轻压力、焦虑、倦怠感等。因其可提高身体免疫功能，因此对疾病的预防也极有效果。此外，啤酒酵母中还含有铬、钙、磷、铁、钾、镁等矿物质，其中钾的含量最多，可以对抗钠的升血压作用。

除了上述蛋白质、维生素、矿物质外，啤酒酵母中还含有谷胱甘肽、β-D-葡聚糖及麦角固醇等保健营养物质。谷胱甘肽有抗氧化作用，能预防因细胞氧化引起的皮肤老化。β-D-葡聚糖可活化体内的巨噬细胞及自然杀伤细胞，这两种细胞可以杀死并吞噬入侵体内的细菌及异物，所以能提高免疫功能。除了富含β-D-葡聚糖外，还富含膳食纤维，能调整肠道状态、缓解便秘。

曾有研究人员进行过这样一项试验：把37名24～69岁的男性分为两组，让一组每天服用含有干燥啤酒酵母的药片，另一组服用不含啤酒酵母的安慰剂。8周以后检查他们的血液，发现摄入啤酒酵母的24人体内的低密度脂蛋白胆固醇值降低，其中13人总胆固醇值也有所降低。抑制低密度脂蛋白胆固醇有防止动脉硬化的效果，对预防生活习惯病大有帮助。

摄取方法

一般市售产品多将啤酒酵母制成粉末状及片剂，当作保健食品售卖。粉末状的啤酒酵母可用于烹调，比如加入食物中一同拌炒。近来也有人在酸奶中加入粉末状啤酒酵母当成减肥食品，也颇受关注。因为这样的加工工艺不但保持低热量，还可补充酸奶中不足的维生素及矿物质，加上啤酒酵母所含的膳食纤维在肠胃中膨胀，能产生饱腹感，因此对减肥有帮助。

相关病症

高血压
疲劳
便秘
骨质疏松症
肥胖

红曲

使胆固醇值及血压正常化

对身体的益处

红曲是发酵所用菌种中，红曲霉属丝状菌中的红色曲菌，酿造绍兴黄酒时就需要红曲。红曲还是极珍贵的药材，我国2000年前就利用它来助消化、促进血液循环及强化内脏，近年来，还发现红曲能够降低胆固醇值，对其保健功效愈加重视。

人体从饮食获得的胆固醇约占需要量的20%，其余的几乎都是肝脏制造出来的。虽然大家对胆固醇都留有不好的印象，但胆固醇却是形成细胞膜的主要成分，人体不可或缺，也因此，体内拥有自动合成胆固醇的结构。不过，如果血中胆固醇增加太多，也会形成高脂血症，对人体造成不良影响。

高脂血症的治疗药中有他汀类的药物，它能够使体内合成胆固醇所需的甲基二羟戊酸不易被制造，因此能抑制体内胆固醇的合成。红曲中就含有他汀类结构，由此可知，摄取红曲能够有效降低胆固醇。研究发现，如果减少体内合成的胆固醇，细胞表面的低密度脂蛋白胆固醇受体便会增加，使血中的低密度脂蛋白胆固醇减少，因此，红曲不会使高密度脂蛋白胆固醇产生变化，只会降低血中的低密度脂蛋白胆固醇。此外，红曲有效成分中的 γ-羟丁氨酸，是大量存

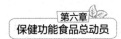
在于脑内的神经传导物质，可帮助降低血压。

摄取方法

红色的酱豆腐中就含有红曲，但由于含盐量太高，很难大量摄取。采用红曲酿造的酒、醋等市面上有售卖，不过，一般都是利用保健食品或药品来摄取红曲。市售保健食品大都已调整至每日人体适宜的摄取量。由于胆固醇是在睡眠中进行合成的，因此，睡前服用效果较佳。

相关病症

高胆固醇血症
高血压

 其他

黑醋

保健功效的秘密来自其特有的琥珀色

对身体的益处

大家都知道醋有杀菌、增进食欲以及抑制可能破坏维生素C的酶活性等的各种作用，不过黑醋除了这些醋的普通功效之外，还有抑制血糖上升、帮助血压恢复正常、减少血中的胆固醇及甘油三酯、改善过敏症状、恢复肝脏功能以及消除肌肉酸痛等功效。

黑醋在天然醋当中，发酵所需时间较长，需要1~3年，这也是能拥有如此多的保健功效的秘密。正因为黑醋制作时间长，所以益生菌及乳酸菌能够发挥作用，除了能增加其美味及

香味外，黑醋所特有的琥珀色也会渐渐加深。这种色素同时也是黑醋富含有机酸、维生素C等水溶性维生素、矿物质、必需氨基酸等多种有效成分的证据。必需氨基酸是以米及糙米为主要原料的黑醋的特有成分，它能控制人体代谢、安定神经及调整胆固醇、甘油三酯含量和血糖值，但它无法在体内自身合成。黑醋也具有改善过敏性皮炎、保护烧伤、烫伤皮肤的效果。

摄取方法

如果是为了维持健康，可试试每天摄取10～20毫升。

醋带有较强烈的刺激性气味，并可能因而伤害到胃黏膜，所以尽可能不要在空腹时摄取。此外也可以用醋来凉拌或勾芡，或利用饮料、胶囊形式的保健食品来补充。若要直接饮用，加点蜂蜜或是混合牛奶、果汁比较好喝。

相关病症

高胆固醇血症	肝功能异常
高血糖	便秘
血压异常	疲劳
血栓	过敏性皮炎

苹果醋

含丰富的钾与醋酸，能消除疲劳、预防高血压

对身体的益处

苹果醋是在苹果汁中加入酵母使其发酵变成苹果酒，再加入醋酸菌发酵而成的。其中成分特别令人注目的是苹果中富含的钾，并不会因制成醋而流失。当人体的钾不足时，会有引发疲劳、高血压、心脏障碍等疾病的可能，而钾能将多余的盐分排出体外，对消除疲劳及预防高血压极有帮助。除了钾外，加上苹果本身的有效成分，使苹果醋中也富含醋酸、苹果酸、柠檬酸、琥珀酸等有机酸，可以防止乳酸囤积在肌肉中、帮助消除身体疲劳、恢复精神，使唾液及胃液分泌旺盛，也能增进食欲。

214

苹果醋还有一定的护肤作用。醋里的大量维生素抗氧化剂能促进新陈代谢，美白杀菌、淡化黑色素、迅速消除老化角质、补充肌肤养分及水分，缩小粗糙毛孔，抗氧化，防止色斑、美白嫩肤，可令皮肤更加光滑细腻，发质柔顺。

除以上这些功效外，苹果醋还可使人体内过多的脂肪转移为体能消耗，并促进人体糖和蛋白质的代谢，故能控制和调节体重。其富含的氨基酸、醋酸等丰富的营养物质，可提高肝脏的解毒和新陈代谢能力，提高身体的免疫力，减少肝病的发病率，并对伤风感冒有一定的预防作用，缓解咽喉疼痛不适。

摄取方法

除了可使用在烹调中以外，因为苹果醋跟谷物醋比起来没有怪味，因此也可直接饮用。如慢性头痛，可将等量的苹果醋与水放入容器后加热，当水蒸气开始出现时将脸靠近熏蒸。如果是喉咙痛或预防感冒，可将苹果醋与蜂蜜各一大匙放入杯中，加水稀释后用来漱口或饮用。

现在市场上售卖的苹果醋有由100%苹果汁自然发酵制成的、也有合成的，或是加工后制成的苹果醋。如果想获得一定功效，最好选择钾含量丰富、100%的纯苹果醋较佳。不过因醋酸会增加胃液分泌，因此胃酸过多及患有十二指肠溃疡的人要特别注意摄取量。

相关病症

慢性疲劳	动脉粥样硬化
高血压	关节炎
心脏功能障碍	过敏性体质

红茶

有强力抗氧化及抗病毒效果

对身体的益处

午后的茶点中，芳香的红茶是必不可少的。它不仅仅是悠闲时间的主角，还是具有多种保健功效的保健饮料。

茶类可分为完全不发酵茶（如绿茶）、发酵过程中停止酶活动的半发酵茶（如乌龙茶）、充分发酵的全发酵茶（如红茶）。茶类含有丰富的茶多酚。红茶在发酵过程中，儿茶素会因酶的作用而重复氧化变成红茶素（一般称红茶黄酮素）。红茶素就是使红茶产生美丽红色的主要色素，它与儿茶素一样具有强力的抗氧化作用。

有些人认为儿茶素在氧化之后，抗氧化作用就会逐渐减弱。但测试结果显示，在活体里，红茶素比未氧化的儿茶素具有更强效的对抗氧自由基的抗氧化作用。也就是说，我们能期待红茶在预防因氧自由基所引起的慢性疾病（高血压、脑中风、心脏病、糖尿病等）以及美容（防止黑色素产生）等方面的功效。另外，红茶中的多酚类还有抑制破坏骨细胞物质的活力，如果在红茶中加上柠檬，那么强壮骨骼的效果更强，此外，在红茶中也可加上各种水果，并且都能起协同作用。红茶还有促进食欲、帮助胃肠消化、消除水肿、利尿、强壮心脏之功效。

摄取方法

红茶不止能饮用。红茶素具有使各种病毒，包括流行性感冒病毒等失去其病毒凝集功能、甚至丧失感染力的作用。用红茶漱口也有预防流行性感冒的作用，但要注意，这只能起到预防作用，如果病毒已侵入机体组织，开始繁殖的话就没有效果了。红茶素也被证明对白癣菌有杀菌效果，用红茶的残渣清洗患部，对脚气、股癣有一定疗效。

相关病症

动脉粥样硬化
心脏病
感冒、流行性感冒